電気・電子系 教科書シリーズ　16

マイクロコンピュータ制御 プログラミング入門

博士(工学)　柚賀 正光　共著
千代谷 慶

コロナ社

電気・電子系 教科書シリーズ編集委員会

編集委員長	高橋　　寛	（日本大学名誉教授・工学博士）
幹　　事	湯田　幸八	（東京工業高等専門学校名誉教授）
編集委員	江間　　敏	（沼津工業高等専門学校）
（五十音順）	竹下　鉄夫	（豊田工業高等専門学校・工学博士）
	多田　泰芳	（群馬工業高等専門学校名誉教授・博士(工学)）
	中澤　達夫	（長野工業高等専門学校・工学博士）
	西山　明彦	（東京都立工業高等専門学校名誉教授・工学博士）

（所属は初版第1刷発行当時）

(電気・電子系 教科書シリーズ16)
「マイクロコンピュータ制御プログラミング入門」正誤表

頁	行・図	誤	正
13	下5	(7章参照)	(11章参照)
59	下1	10FB となる。	10 FB となる。
67	下3	BIT 7, B	BIT 7, A
173	図12.2	'0'	'¥0'

①

最新の正誤表がコロナ社ホームページにある場合がございます。
下記URLにアクセスしてキーワード検索に書名を入力して下さい。
http://www.coronasha.co.jp

刊行のことば

　電気・電子・情報などの分野における技術の進歩の速さは，ここで改めて取り上げるまでもありません。極端な言い方をすれば，昨日まで研究・開発の途上にあったものが，今日は製品として市場に登場して広く使われるようになり，明日はそれが陳腐なものとして忘れ去られるというような状態です。このように目まぐるしく変化している社会に対して，そこで十分に活躍できるような卒業生を送り出さなければならない私たち教員にとって，在学中にどのようなことをどの程度まで理解させ，身に付けさせておくかは重要な問題です。

　現在，各大学・高専・短大などでは，それぞれに工夫された独自のカリキュラムがあり，これに従って教育が行われています。このとき，一般には教科書が使われていますが，それぞれの科目を担当する教員が独自に教科書を選んだ場合には，科目相互間の連絡が必ずしも十分ではないために，貴重な時間に一部重複した内容が講義されたり，逆に必要な事項が漏れてしまったりすることも考えられます。このようなことを防いで効率的な教育を行うための一助として，広い視野に立って妥当と思われる教育内容を組織的に分割・配列して作られた教科書のシリーズを世に問うことは，出版社としての大切な仕事の一つであると思います。

　この「電気・電子系 教科書シリーズ」も，以上のような考え方のもとに企画・編集されましたが，当然のことながら広大な電気・電子系の全分野を網羅するには至っていません。特に，全体として強電系統のものが少なくなっていますが，これはどこの大学・高専等でもそうであるように，カリキュラムの中で関連科目の占める割合が極端に少なくなっていることと，科目担当者すなわち執筆者が得にくくなっていることを反映しているものであり，これらの点については刊行後に諸先生方のご意見，ご提案をいただき，必要と思われる項目

については，追加を検討するつもりでいます。

　このシリーズの執筆者は，高専の先生方を中心としています。しかし，非常に初歩的なところから入って高度な技術を理解できるまでに教育することについて，長い経験を積まれた著者による，示唆に富む記述は，多様な学生を受け入れている現在の大学教育の現場にとっても有用な指針となり得るものと確信して，「電気・電子系 教科書シリーズ」として刊行することにいたしました。

　これからの新しい時代の教科書として，高専はもとより，大学・短大においても，広くご活用いただけることを願っています。

1999年4月

　　　　　　　　　　　　　　　　　　　編集委員長　高　橋　　　寛

まえがき

　近年のコンピュータの発達は目覚ましく，コンピュータをインターネットで使うとか，ゲームで遊ぶとか，だれでもできるようになった。このことは，一見，コンピュータを駆使しているようにも見えるが，その反面，コンピュータを使用するとき，実際にコンピュータの動く原理を把握している人はどのくらいいるだろうか。たぶん，ほとんどの人が，コンピュータの中身を知らずに使用しているはずである。これでは，コンピュータに逆に使われていることになる。

　コンピュータの能力が低かったころは，その原理は比較的把握しやすかったが，現在のような状況では原理を勉強したくてもできないのではないだろうか。この本は，そうした要求に応えるために書かれたものである。そもそもコンピュータは初期のころと比較して，どのような能力がアップしたのだろうか。それは簡単にいうと，記憶力と計算のスピードである。そのため，高度な学術計算ができるようになり，C言語などの高級言語が発達した。しかし，ロボットの機械的な制御を行うとき，高速計算と大容量のメモリは必ずしも必要ではない。機械の動きは，コンピュータの速度処理に比較して遅いので，初期のCPUでも機械制御を行うなら十分実用的である。また，そのほうが構造が簡単で，プログラミングの流れが理解しやすく，技術者としてトラブルの対処も簡単である。そしてなにより安い値段でシステムをつくることができるため，マイクロコンピュータとして数々の電子機器に組み入れられている。じつは，現在の高度化したコンピュータの中身も，計算処理能力とメモリ容量以外は，初期のCPUとは原理的に同じなのである。

　このテキストは，いまなお制御関係に使われているZ80CPUを取り上げ，初心者から中級者を対象に，プログラミングの原点を理解するために書かれた

ものである。したがって，前半部分では，CPU の基本的な動き方および 2 進数と 16 進数の理解から勉強に入ることになる。また，後半では，応用として C 言語を用いた制御プログラミングを理解し，実際に動かすことに挑戦する。

Z80 はプログラミングの考え方の基礎となる多くの概念が入っていて，しかもハードに直結している。多くの CPU は Z80 を元にして発展してきた。PIC も H8 も Z80 を手本として進化した CPU であり，現在の CPU の動作を学ぶ上で良い教材になる。まず，基礎を固めて，それから，さらに別の CPU に移行すれば，複雑な構造の CPU も無理なく勉強できるであろう。そうすれば，コンピュータに使われずに逆にコンピュータを使うことができる。

Z80 には多くの周辺 IC が用意されているので，かなりの制御が可能である。また，C 言語のシステムも簡単に手に入ることができ，その方法も本書内に示しておいた。CPU や周辺の各 IC はどれも安価で手に入るので，実際に組み立てて実験し，楽しむことができる。

最後に，内容についてのヒントやアドバイスをくださった，東京都立八王子技術専門校メカトロニクス科の杉澤輝彦，幸村智成両指導員ならびに指田信行講師，電気設備システム科の関　亮治指導員に厚く御礼申し上げる。

2006 年 7 月

著　　者

目　　次

I部　Z80-CPU とアセンブリ言語

1.　マイクロプロセッサ

1.1　マイクロプロセッサとは …………………………………………………… 1
1.2　マイクロプロセッサの種類 ………………………………………………… 2
1.3　マイクロプロセッサの応用 ………………………………………………… 3

2.　Z80 プロセッサ

2.1　Z80 ファミリー ……………………………………………………………… 5
2.2　Z80 のアーキテクチャ ……………………………………………………… 6
2.3　Z80 のプログラム実行過程 ………………………………………………… 9
2.4　Z80 の動作のタイミング …………………………………………………… 10
　　2.4.1　フェッチサイクル（M1サイクル）………………………………… 10
　　2.4.2　エクゼキューションサイクル ……………………………………… 12

3.　機械語とアセンブリ言語

3.1　機 械 語 と は ………………………………………………………………… 15
3.2　アセンブリ言語とは ………………………………………………………… 16
3.3　命令とプログラム …………………………………………………………… 17
演習問題 ……………………………………………………………………………… 18

4.　Z80 アセンブリ言語仕様

4.1　ステートメントの構成 ……………………………………………………… 19

4.2	アセンブリプログラムの書き方・見方	20
4.3	定　　　数	22
4.4	文字とラベル	22
4.5	オペコードとオペランド	23
4.6	疑　似　命　令	26

演習問題 …………………………………………………… 29

5. Z80 命令セット

5.1	Z80 命令セット概要	30
5.2	転　送　命　令	33
5.3	算術演算命令	40
5.3.1	8 ビット演算命令	41
5.3.2	16 ビット演算命令	43
5.3.3	インクリメントとデクリメント命令	44
5.4	論理演算命令	45
5.5	ローテート・シフト命令	48
5.5.1	ビットごとの回転と移動	48
5.5.2	4 ビット単位の回転	53
5.6	ジャンプ命令と F レジスタ	54
5.6.1	ジャンプ命令	54
5.6.2	F（フラグ，flag）レジスタ	57
5.6.3	特殊ジャンプ	59
5.7	サブルーチン命令	60
5.7.1	サブルーチン関係命令	60
5.7.2	PUSH, POP 命令	63
5.8	ビット操作命令	65
5.9	入　出　力　命　令	68
5.9.1	レジスタから一つのデータ（1 バイト）を入出力する	68
5.9.2	メモリから二つ以上のデータを一度に入出力する	71
5.10	ブロック関係命令	74
5.11	基本 CPU 制御命令	79

5.11.1　CPU 制御命令 ……………………………………………………80
　　　5.11.2　割込み関係命令 …………………………………………………82
　演 習 問 題 ………………………………………………………………………84

II 部　周辺 LSI と C 言語プログラミング

6.　C コンパイラ

6.1　C 言語の必要性 ……………………………………………………………88
6.2　C コンパイラとは …………………………………………………………89
6.3　SDCC …………………………………………………………………………89
6.4　開発環境の導入 ……………………………………………………………90
　　6.4.1　必 要 な も の …………………………………………………………90
　　6.4.2　Z80 系マイコンの紹介 ………………………………………………94
　　6.4.3　プログラミングの必要条件 …………………………………………95
演 習 問 題 ………………………………………………………………………95

7.　SDCC 基本プログラミング

7.1　プログラミングの手順 ……………………………………………………96
7.2　C 言語の基礎文法 …………………………………………………………97
　　7.2.1　プログラムの記述 ……………………………………………………97
　　7.2.2　関　　　　数 …………………………………………………………99
　　7.2.3　ポ　イ　ン　タ ………………………………………………………101
　　7.2.4　構造体とビットフィールド …………………………………………103
7.3　レジスタ等におけるビット機能の定義方法 ………………………… 105
7.4　SDCC における制限 …………………………………………………… 106
7.5　コ ン パ イ ル …………………………………………………………… 107
7.6　ライブラリとヘッダファイル ………………………………………… 108
　　7.6.1　ライブラリファイルの作成 ………………………………………… 108
　　7.6.2　ヘッダファイルの作成 ……………………………………………… 109
　　7.6.3　メインプログラムでの記述 ………………………………………… 110
　　7.6.4　ライブラリとメインプログラムの結合 …………………………… 110

viii 目次

7.7 変数の型，サイズ …………………………………………… 111
7.8 ポートアドレス定義 ………………………………………… 112
7.9 インラインアセンブル ……………………………………… 114
　7.9.1 インラインアセンブルとその必要性 ………………… 114
　7.9.2 SDCCでの記述方法 …………………………………… 114
　7.9.3 インラインアセンブリ文法 …………………………… 115
7.10 オプション一覧 …………………………………………… 115
演習問題 …………………………………………………………… 116

8. パラレル入出力

8.1 Z80-PIO ……………………………………………………… 117
　8.1.1 Z84C20におけるアドレス割当て …………………… 117
　8.1.2 モ　　ー　　ド ………………………………………… 118
　8.1.3 制御語レジスタ ………………………………………… 119
　8.1.4 データレジスタ ………………………………………… 122
8.2 8255A ………………………………………………………… 123
　8.2.1 モード0（ハンドシェイクなし単方向入出力）……… 124
　8.2.2 モード1（ハンドシェイク付き単方向入出力）……… 125
　8.2.3 モード2（ハンドシェイク付き双・単方向入出力）… 125
8.3 プログラミング ……………………………………………… 126
　8.3.1 Z80-PIOの場合 ………………………………………… 126
　8.3.2 8255Aの場合 …………………………………………… 127
演習問題 …………………………………………………………… 128

9. CTC

9.1 Z80-CTCの概要 ……………………………………………… 130
9.2 チャネル制御語と時定数，カウント値，割込みベクトル … 131
9.3 CTCのモード ………………………………………………… 132
　9.3.1 カウンタモード ………………………………………… 132
　9.3.2 タイマモード …………………………………………… 132
9.4 書込み手順 …………………………………………………… 133
　9.4.1 フ　　ロ　　ー ………………………………………… 133

目次 ix

9.4.2 チャネル制御語の設定 ……………………………… 134
9.4.3 時定数の設定 …………………………………………… 135
9.4.4 割込みベクトルの設定 ………………………………… 138
9.5 プログラミング ……………………………………………… 138

10. シリアル入出力

10.1 シリアル入出力とは ………………………………………… 140
10.2 Z84C15内蔵SIO, Z84C4xの概要 ……………………… 140
10.3 チャネルの初期設定 ………………………………………… 141
10.4 1バイトデータの送信 ……………………………………… 148
  10.4.1 送信バッファが空であることを確認 ……………… 148
  10.4.2 データの送信 …………………………………………… 148
10.5 1バイトデータの受信 ……………………………………… 148
  10.5.1 受信有効の確認 ………………………………………… 149
  10.5.2 データの受信 …………………………………………… 149
10.6 プログラミング ……………………………………………… 149

11. 割込み

11.1 割込みとは …………………………………………………… 151
11.2 マスク可能な割込みとマスク不可能な割込み ………… 152
11.3 割込みモード ………………………………………………… 152
  11.3.1 モード0 ………………………………………………… 153
  11.3.2 モード1 ………………………………………………… 153
  11.3.3 モード2 ………………………………………………… 153
  11.3.4 割込みモードの指定 …………………………………… 154
  11.3.5 割込みの許可, 禁止 …………………………………… 155
11.4 割込みルーチンの定義 ……………………………………… 156
11.5 Z80ファミリー周辺デバイスを使った割込み ………… 158

12. 応用プログラミング

12.1 パソコン-マイコン間通信 ………………………………… 169
  12.1.1 パソコンを使用したデバッグ環境構築 …………… 169

目次

- 12.1.2 ターミナルソフトを使用する …………………………… 170
- 12.1.3 エスケープシーケンスによるコンソール制御 …… 175
- 12.2 Z84C15ライブラリ …………………………………………… 182
- 12.3 LED点灯制御/スイッチ入力 ……………………………… 186
- 12.4 ステッピングモータ制御 …………………………………… 189
  - 12.4.1 ステッピングモータの概要 ………………………… 189
  - 12.4.2 制　御　方　法 ……………………………………… 189
- 12.5 DCモータ制御 ……………………………………………… 192
  - 12.5.1 正逆回転制御 ………………………………………… 192
  - 12.5.2 PWM　制　御 ……………………………………… 194
- 演習問題 ………………………………………………………… 199

13. 状態遷移表によるプログラミング

- 13.1 条件分岐の限界 ……………………………………………… 200
- 13.2 ステートマシンの構成手順 ………………………………… 200
  - 13.2.1 状態遷移図の作成 …………………………………… 201
  - 13.2.2 状態遷移表の作成 …………………………………… 201
  - 13.2.3 状態遷移表の配列化 ………………………………… 202
  - 13.2.4 現在の状態を保持する変数を宣言する …………… 202
  - 13.2.5 条件を決定する ……………………………………… 203
  - 13.2.6 条件により，状態を遷移させる …………………… 203
  - 13.2.7 状態に応じて処理を分岐させる …………………… 204
- 13.3 「ステートマシン構成型プログラミング」を実践する …… 204
- 演習問題 ………………………………………………………… 206

引用・参考文献 …………………………………………………… 207

演習問題解答 ……………………………………………………… 208

索　　　引 ………………………………………………………… 229

I部　Z80-CPUとアセンブリ言語

1

マイクロプロセッサ

1.1 マイクロプロセッサとは

　数mm角のシリコンチップ上に，トランジスタやFETなどの素子を光学的あるいは化学的に作製したものがIC（integrated circuit）であり，素子数が10^5個以上になるとLSI（large scale integration）と呼ばれる．LSIに，データの並列処理機能を持たせマイクロ化したものが，**マイクロプロセッサ**（microprocessor）である．演算や制御機能があり，コンピュータの頭脳になるマイクロプロセッサをCPU（central processing unit）またはMPU（microprocessor unit）と呼ぶ．

　CPUが処理する並列データを記憶しておくメモリ（main memory）やデータ入出力のためのI/O（input-output）と呼ばれるLSIを組み合わせたものが**マイクロコンピュータ**（microcomputer）である．電気製品などでは，これらを一つのチップ上に作製した，ワンチップマイコンの形で使用されている．

　図*1.1*のように，マイコンにインタフェース（interface）を介して，ロボット（robot）およびセンサ（sensor）を接続し，センサが感知した温度，光，圧力などのアナログデータ（analog data）を，ディジタルデータ（digital data）に変換してCPUに取り込む．このとき，あらかじめ作成してあるプログラムによりデータを並列処理して現在の状況を計算し，再びロボットに制御信号を返すことが**自動制御**（automatic control）である．ロボットのような駆動できる装置

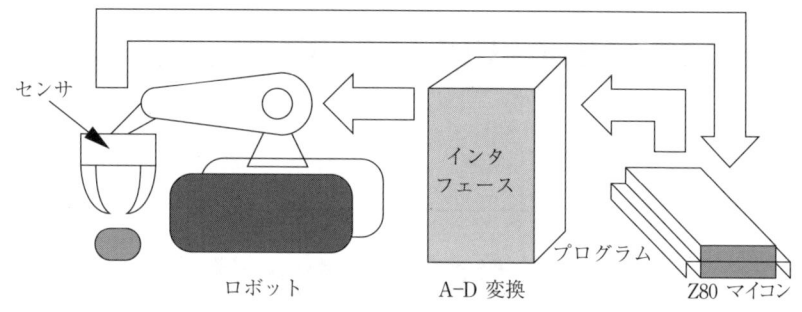

図 *1.1* マイコンとロボットの接続

をアクチュエータ（actuator）と呼び，制御する装置をコントローラ（controller）と呼ぶ．

このように，マイクロプロセッサは制御に不可欠な LSI であることがわかる．あらかじめ決められた条件により，順序よく各段階を進めていく場合が，シーケンス制御（sequential control）であり，出力結果を比較検討して，目標値からの偏差に応じてアクチュエータを動作させる場合が，フィードバック制御（feedback control）である．

1.2 マイクロプロセッサの種類

1970 年代から最近まで，多くのマイクロプロセッサが開発されている．その性能は，しだいに向上しているが，データビット数，クロック数などにより，いくつかの種類に大別される．

表 *1.1* は，おもなマイクロプロセッサのクロック数，データ線（アドレス線）本数である．Intel 社の CPU をおもに示しているが，Z80 や Z8000 は Zilog 社であり，MC6800 は Motorola 社の製品である．

表を見ると，処理速度の目安であるクロック数は，1990 年代から急速に増加しているのがわかる．これは，Windows が OS の主流になったためである．パソコンなど高級言語を使用するには，16 ビット以上の CPU が必要であるが，簡単な制御や家電製品の制御においては，コストの面や処理速度，アドレス空

表 1.1　おもなマイクロプロセッサ

CPU 型名	CLOCK〔MHz〕	DATA（ADDRESS）	年
4004	0.75	4（12）	1971
8080	2	8（16）	1974
Z80	4	8（16）	1976
8086	5～8	16（20）	1978
Z8000	4	16（23）	1978
MC6800	8	16（24）	1978
80286	8	16（24）	1982
80386DX, SX	16～33	32（32）	1985～1988
80486DXn	50～100	32（32）	1991～1993
Pentium	100～133	64（32）	1993～1994
Pentium Pro	150～166	64（32）	1995
Pentium II	200～300	64（32）	1997
Pentium III	450～1100	64（32）	1999
Pentium 4	400～3800	64（32）	2000

間等を考慮して，8ビットのCPUで十分である．特に，本書で取り上げるZ80は，現在も数多く出荷されていて，CPUあるいは周辺ICを学ぶ上でも，最適なマイクロプロセッサである．

1.3　マイクロプロセッサの応用

　マイクロプロセッサの用途は，大きく分けると，データビット数により異なるといってよいであろう．8ビットCPUは低価格であり，システムコントローラや家電品の制御，教育用機器などに適している．また，簡単な工作機械や産業用組み込みロボットの制御にも応用されている．16ビット以上のCPUでは，パソコン，ゲーム機，ワープロなどに利用されているが，このような高機能マイコンでは，OS（operating system）が必要となる．さらに，64ビットCPUは，処理速度が早いので，高速計算が必要な画像信号処理や音声認識などに適している．

　システムを制御する組み込み用マイコンでは，処理速度は早くなくてもよく，機械語レベルの操作であるので大きなメモリ空間は必要がない．そのため低価格の8ビットが主流となっている．

一般に，マイクロプロセッサの用途をまとめると事務機器（OA, office automation）や工場関係（FA, factory automation）が主であるが，ほかに，医療機器，計測機，分析機器，通信機器（ネットワーク），ビル管理システム，兵器，スーパーコンピュータなどが挙げられる。

2

Z80 プロセッサ

2.1 Z80 ファミリー

　Z80-CPU をマイコン回路として使用する場合，CPU にメモリや I/O を接続しなければならない。そのため，CPU バス（bus）と直接接続が可能な LSI が必要になる。この意味で，Z80-CPU のために開発された周辺 LSI を，**Z80 ファミリー**（Z80 family）と呼ぶ。

　Z80-CPU と同時期に発表された Z80-PIO（parallel input-output interface controller）は，A, B 二つのポート（port）を持ち，データを並列に処理できる I/O であり，Z80-SIO（serial input-output interface controller）とともに，よく使用される。また，マイコン制御回路においては，時計や計数機能が必要になる場合があるので，8 ビットのカウンタ/タイマ機能を 4 回路内蔵した Z80-CTC（counter timer circuit）も代表的な Z80 ファミリーである。さらに，Z80-PIO と Z80-SIO，Z80-CTC の互換デバイスをワンパッケージに収めた，Z84C15 と呼ばれるワンナップマイコンも存在する。これらについては，II 部で述べることにする（II 部 8 〜 10 章参照）。

　加えて，これ以外でも Z80-CPU に接続可能な LSI があり，その中でも 8255A は使用方法が簡単なので広く使用されている。この LSI は，A, B, C の三つのポートから 8 ビットデータを入出力できる I/O であり，特にメモリも含めたワンチップマイコンに内蔵されている場合が多い。8255A は，マイコン回路を理解する上では最適である。後述する Z80 アセンブリ言語の入出力命令において，この IC について簡単に説明する。また，C 言語を用いたプログラミ

ングについても，II部の中で紹介する．

2.2 Z80アーキテクチャ

Z80-CPUの制御するという機能目的を満たすように設計した内部の基本的構造を**アーキテクチャ**（architecture）という．Z80のアーキテクチャは，**図2.1**に示すようになる．Z80-CPU内部には，レジスタ（resistor）というデータを保管しておく場所があり，これに，制御バスや周辺LSIとのやりとりのためのデータバス（data bus），アドレスバス（address bus）が接続されている（レジスタは，ハード的にはメモリと同じ構造であるが，メモリからデータを読み書きすると時間がかかるので，一時的にデータを保管する記憶場所である．演算のたびに頻繁に内容が変化する）．

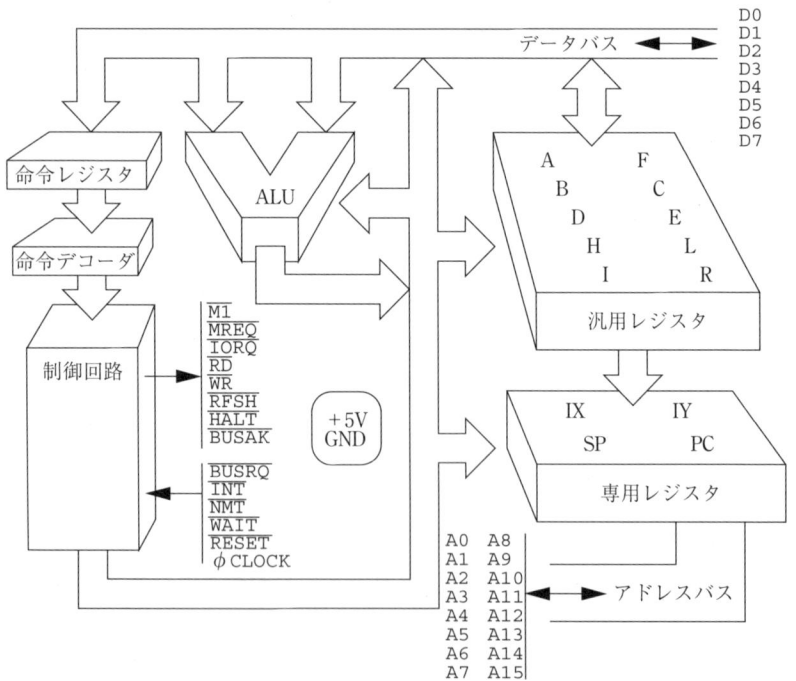

図2.1 Z80のアーキテクチャ

2.2 Z80アーキテクチャ

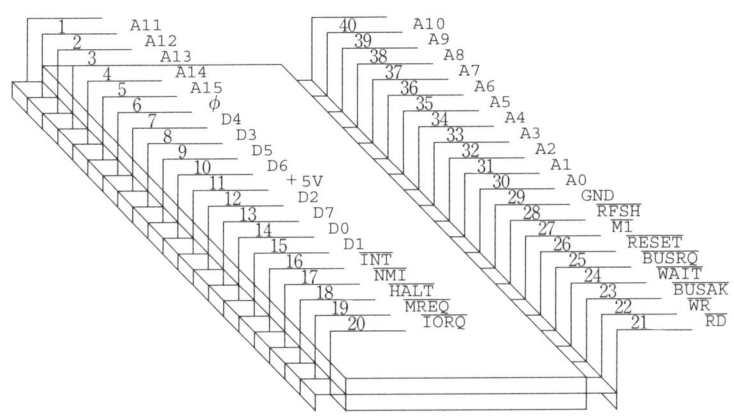

図 2.2 Z80-CPU のピン配置

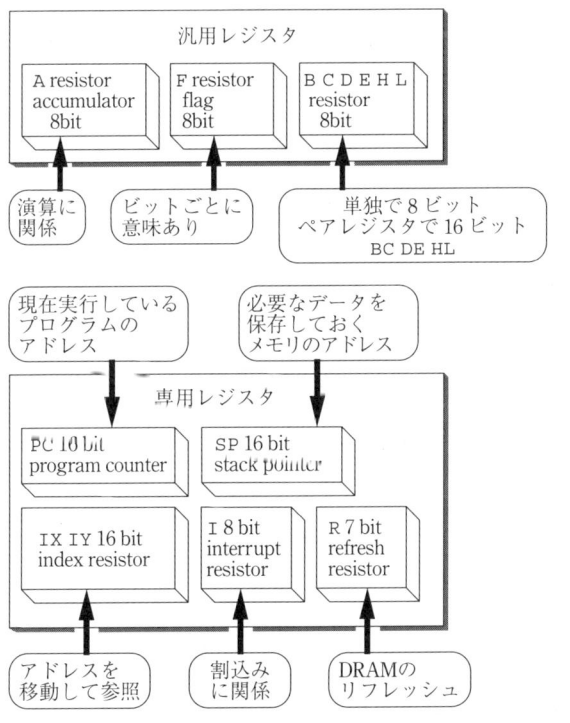

図 2.3 Z80 のレジスタ

また，データどうしの算術演算（加算回路）や論理演算（AND, OR, ExOR, NOT）を行う演算装置があり，これを **ALU**（arithmetic logic unit）と呼ぶ。

CPU の型が異なると，レジスタの数や種類が変わり，データバスやアドレスバスの本数が異なる。Z80-CPU では，データバスは8本であるので，8ビットの CPU となる。また，アドレスバスの本数は 16 本である。**図 2.2** に，具体的な Z80-CPU のピン配置を示す。

Z80 は，8ビットの汎用レジスタとして A, B, C, D, E, F, H, L と名付けられたレジスタがあり，専用レジスタとして，16ビットの IX, IY, SP, PC, 8ビットの

表 2.1 Z80 のレジスタ群

(a) 汎用レジスタ

A レジスタ（8ビット） アキュムレータ（accumulator）	ALU に入る二つのデータのうちの一つは必ずここに格納され，演算結果も A レジスタに入る。蓄積するという意味から，この名前を持つ。
F レジスタ（8ビット） フラグレジスタ（flag resistor）	ビットごとに意味を持っている。直前の演算結果により条件を満たすと，関連するビットが 1 になり（フラグが立つという），条件を満たさなければ 0 のままである。
B, C, D, E, H, L（8ビット） レジスタ	A レジスタとともにプログラマが自由に扱える。BC, DE, HL のペアをつくると 16 ビットのレジスタとしても扱える。ペアレジスタ（pair resistor）。

(b) 専用レジスタ

IX, IY（16ビット） インデックスレジスタ（index resistor）	このレジスタが示すアドレスの前後数番地離れたところのメモリのデータを扱える利点がある。
SP（16ビット） スタックポインタ（stack pointer）	プログラムがサブルーチンに移動してから主プログラムに復帰する際，戻るアドレスを格納するメモリの位置を保存するレジスタである。この位置は，レジスタの内容を一時的に保存しておく場所にも使用される。
PC（16ビット） プログラムカウンタ（program counter）	現在，実行しているプログラムが格納してあるアドレスを示していて，実行後，自動的に 1 増加する。必要に応じてプログラムがジャンプすると，この値はジャンプした位置に変更される。
I（8ビット） 割込みレジスタ（interrupt resistor）	周辺の LSI に関係し，CPU に割込みが発生したときジャンプする番地が格納されている位置を保存する。
R（7ビット） リフレッシュレジスタ （refresh resistor）	ダイナミック RAM の内容が消える前に，再度メモリに書込みを行うカウントを示している。16 ビットが表す全メモリ空間 64K バイト（65 536）を一度に 512 バイトずつ書き換える。

I, 7ビットのR, を持っている。また，汎用レジスタの裏レジスタとしてA' 〜L' があるので，合計22個のレジスタになる。**図2.3**に，レジスタの名称，ビット数および特徴をまとめて簡単に紹介する。また，各レジスタの詳細な内容を**表2.1**に示す。

2.3　Z80のプログラム実行過程

Z80-CPUのプログラムを実行するには，メモリに書き込まれている命令を読みとることから始まる。具体的にはプログラムカウンタ（16ビットのレジスタでPCと書かれる）に入っている内容をアドレスバスにのせ，そのアドレスが示すメモリ内のデータを読みとっていく。プログラムの実際の形は，3章から詳細に説明していく。

図2.4に示すように，プログラムの中身は命令がたくさん入っていて，一番手前の命令から実行されていく。一つの命令を命令サイクル（cycle）と呼ぶ。命令サイクルの中を見ると，M1〜Mnの部分に分かれている（nは最大で

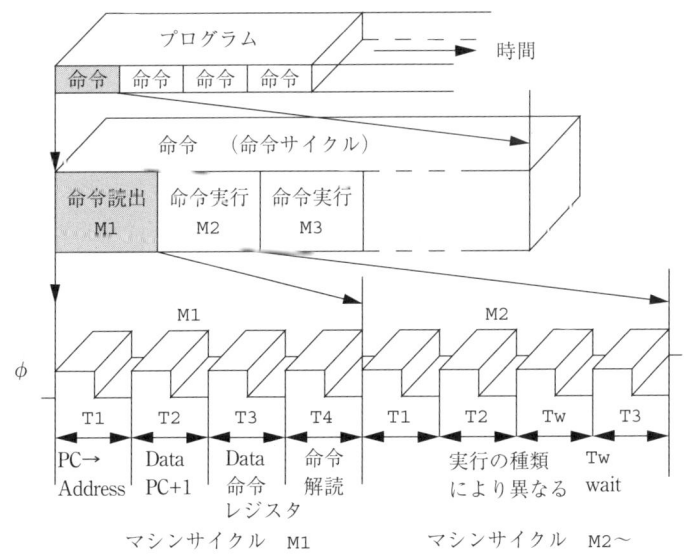

図 **2.4**　命令とマシンサイクル

6)。M1 は，必ず存在し，命令の読出しを行うので，**フェッチサイクル**（fetch cycle）という。M2 以降は命令の実行であり，**エクゼキューションサイクル**（execution cycle）と呼ばれ，つぎの五つの種類がある。

① メモリ読出しサイクル
② メモリ書込みサイクル
③ 入出力（I/O）読出しサイクル
④ 入出力（I/O）書込みサイクル
⑤ 割込み要求サイクル

マシンサイクル M1 の具体的な動作は図のように，通常 4 クロック（T1～T4）の間に行われる。1 クロックに要する時間は，Z80 のクロック数が 4 MHz の場合には，つぎの式で計算される（最近では，クロック数がもっと多い Z80CPU がある）。

$$\frac{1}{4 \times 10^6} = 2.5 \times 10^{-7} \, [\text{s}] = 0.25 \, [\mu\text{s}]$$

つまり，M1 が完了するには，1μs かかることになる。T1 では，プログラムカウンタの内容がアドレスバスに出力される。T2 で，アドレスの中身であるデータがデータバスにのり，プログラムカウンタの値が 1 増加する。T3 になると，データが図 2.1 で示した命令レジスタに入る。最後に T4 で，データの内容が命令デコーダに入り解読される。なお，T3 と T4 の期間では，アドレスとデータバスは空いているので，ダイナミック RAM のリフレッシュが行われる。マシンサイクル M2 以降は，実行の種類により内容は異なる。また，必要に応じ，ウエイト（wait）信号 Tw が出て時間をとる場合がある。Mn の部分を**マシンサイクル**（machine cycle）と呼ぶ。

2.4 Z80 の動作のタイミング

2.4.1 フェッチサイクル（M1 サイクル）

命令を実行するにあたり，まず，メモリ中に存在するマシンコードを読み

出す必要がある。これがM1サイクルであり，先頭に必ず存在する。図 2.5 は，M1 サイクルで実行される4クロックの間に，Z80-CPU の関連するピンが，どのような動作（5V-High または 0V-Low）をするかを示したものである。

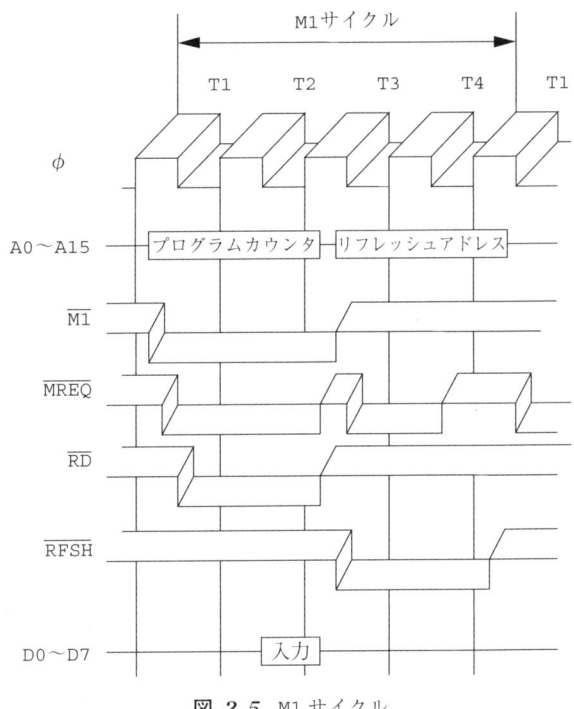

図 2.5 M1 サイクル

図 2.2 に示した Z80-CPU ピンの中で，関連するピンは，A0 ～ A15（アドレスバス），D0 ～ D7（データバス）のほかに，M1，MREQ，RD，RFSH がある（図 2.5 は，待ち状態がない場合であるが，待ち状態が必要なら，WAIT 端子も関係する）。記号の上にバーがあるのは，制御端子と呼ばれ，この端子が Low のとき動作（電子スイッチが ON）することを意味する。これをアクティブロー（active low）という。今後，High を H，Low を L と簡単に記すことにする。

図 2.5 において A0 ～ A15 と D0 ～ D7 の状態（H か L）は，アドレスとデータの内容なので四角で示してある。また，制御端子は，4クロックの間に H か L に変化する。実行が開始されると，PC の値がアドレスバスにのる。これが

命令のスタートアドレスになる。まず，T1～T2では，このマシンサイクルが，M1サイクルであることを表すため，M1がL（アクティブ）になる。ほぼ同時に，MREQ（メモリ要求）がLとなり，RD（データ読出し）がLとなって，T3の立ち上がりで，PCが示すアドレスの内容をデータバスに出力することができる。T3において，データバス上のデータは，マシン語の解読のため，命令レジスタに送られる。T3～T4では，RFSH端子がLになり，DRAMのリフレッシュが始まる。リフレッシュとは，定期的にメモリに電圧をかけ，メモリの内容を保護することである。この期間では，メモリ要求以外の制御端子はすべてHとなり遮断される。これをハイインピーダンス（high impedance）という。

2.4.2 エクゼキューションサイクル

M1サイクルでマシン語を解読した場合，その意味が，つぎの番地にあるデータをレジスタに読み込めということであれば，そのデータをデータバスに出力する必要がある。これがメモリ読出しサイクルである。また，反対にレジスタのデータをメモリに書き込めということであれば，メモリ書込みサイクルが必要になる。このように，M1に続くサイクル（M2～）は，命令の種類により，いろいろ変化することになる。**図2.6**は，例として，M2にメモリ読出し，M3にメモリ書込みがある動作のタイミングを示したものである。

まず，M2サイクルでは，読み出したいメモリのアドレスがアドレスバスに乗る。T1～T2で，MREQとRD端子がLとなり，T3でメモリのデータがデータバスに入力される。このとき，M1の解読により，例えば，Aレジスタにデータバスが接続されていれば，メモリのデータはAレジスタに入力される。また，WAIT端子がLになると，待ち状態サイクルになり，Twとして，1クロックが追加される場合もある。

つぎに，M3サイクルでは，書き込みたいメモリのアドレスがアドレスバスに乗る。T1でMREQがLとなった後，T2～T3で，WR（データ書込み）がLとなる（このとき，RDはHになっている）。したがって，データバスにあるデー

2.4 Z80 の動作のタイミング

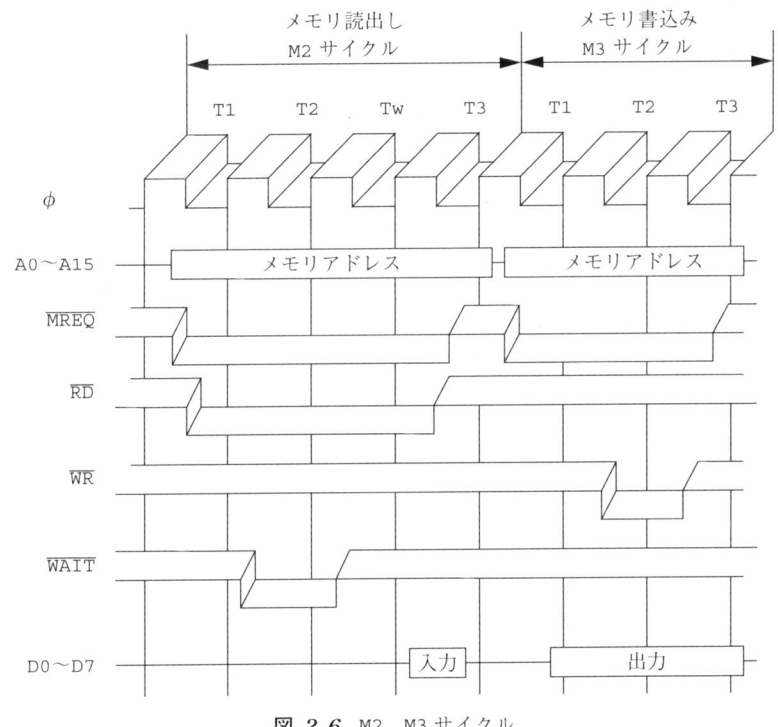

図 2.6　M2, M3 サイクル

タがメモリに書き込まれることになる。

このほか，入出力の相手が，I/O であれば，MREQ 端子の代わりに，IORQ (I/O 要求) 端子が L となり，RD, WR 端子の制御によって，I/O からデータの入出力を行うことができる。これが，入出力 (I/O) 読出しサイクルや入出力 (I/O) 書込みサイクルと呼ばれるものである。

また，特殊なサイクルとして，割込み要求サイクルがある。割込みとは，現在実行中の命令を止めて，別の動作を行うことである（7 章参照）。割込みにも，いろいろな優先順位があるが，NMI 端子や INT 端子が L となると割込みが行われる。さらに，外部記憶装置（フロッピーディスクやハードディスクなど）から，CPU を通さずに，大容量のデータを直接メモリに書き込みたい場合などは，アドレスバスやデータバスを占有しなくてはならない。このよ

うな場合は，バス要求サイクルとして，BUSRQ（バス要求）端子をLにすることがある。また，CPUをリセットする場合は，RESET（リセット）端子がLとなる。

3

機械語とアセンブリ言語

3.1 機械語とは

　マイクロプロセッサは半導体でできたディジタル回路であるので，電圧が高い，または低いの2通りしか意味をもたない。Z80-CPUにおいては，5Vを1，0Vを0と表現した2進数が命令として使用される。Z80のデータ線は8本あり，データは8ビット（＝1バイト）となるので，命令は8桁の2進数となる。このように，1と0を組み合わせた数列を**機械コード**（machine code）と呼ぶ。命令自体は，1バイトで意味をなすこともあるが，Z80では，2～4バイトで命令を構成する場合も多い。命令は1バイトごとにメモリに記憶され，

表 3.1 2進数と16進数の対応表（00～2Fまで）

2進数	16進数	2進数	16進数	2進数	16進数
0000 0000	00	0001 0000	10	0010 0000	20
0000 0001	01	0001 0001	11	0010 0001	21
0000 0010	02	0001 0010	12	0010 0010	22
0000 0011	03	0001 0011	13	0010 0011	23
0000 0100	04	0001 0100	14	0010 0100	24
0000 0101	05	0001 0101	15	0010 0101	25
0000 0110	06	0001 0110	16	0010 0110	26
0000 0111	07	0001 0111	17	0010 0111	27
0000 1000	08	0001 1000	18	0010 1000	28
0000 1001	09	0001 1001	19	0010 1001	29
0000 1010	0A	0001 1010	1A	0010 1010	2A
0000 1011	0B	0001 1011	1B	0010 1011	2B
0000 1100	0C	0001 1100	1C	0010 1100	2C
0000 1101	0D	0001 1101	1D	0010 1101	2D
0000 1110	0E	0001 1110	1E	0010 1110	2E
0000 1111	0F	0001 1111	1F	0010 1111	2F

機械語と呼ばれる。

実際には，2進数では桁が多いので，8ビットが2桁で表現できる16進数が使用される。**表 3.1**は，2進数と16進数の対応表であり，2進数を4桁ごとに区切ると16進数と一致しているのがわかる。つまり，2進数の4桁が16進数の1桁に対応する。

3.2 アセンブリ言語とは

機械語自体は2桁の16進数（8桁の2進数）であり，電圧によりディジタル回路を開閉して命令となるが，人間が機械語によりプログラミングすることは非常に困難である。そこで，機械語と完全に対応する形で，英数字を用いて命令を表現する方法が考え出された。これを**ニーモニックコード**（mnemonic code）と呼ぶ。このコードで作成したプログラムを，CPUが理解できる機械語に翻訳すること（または翻訳するプログラム）を**アセンブラ**（assembler）というので，この言語をアセンブリ言語と呼ぶ。また，機械語をアセンブリ言語に戻すことを，逆アセンブルという。アセンブリ言語のプログラムを**ソースプログラム**（source program），機械語のプログラムを**オブジェクトプログラム**（object program）と呼ぶ。

アセンブリ言語の表現方法は，AとBを…せよ，という形になる。…せよの部分を**オペコード**（operation code）と呼び，AとBの部分を**オペランド**（operand）と呼ぶ（Aを第1オペランド，Bを第2オペランドと呼ぶ）。

5章においてアセンブリ言語の作成法を詳しく説明するが，簡単でよく用いられる例を示すと，AレジスタとBレジスタの内容を足し算せよという命令があり，具体的には，ADD A,Bのように書かれる。ADDがオペコードで足し算を意味し，A,Bがオペランドで足し算される二つの2進数（8ビット）が入っているレジスタになる。この命令を実行した場合のレジスタの様子を**図 3.1**に示す。実行前，それぞれAレジスタに0010 0110（26），Bレジスタに0001 0011（13）という値が入っていたとすると，この命令の実行により，二

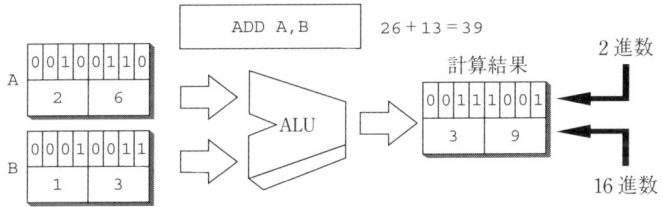

図 3.1 A + B の実行

つのデータが ALU に入り加算されて，結果として 0011 1001 (39) が得られる。ここに，( ) 内は 16 進数を意味する。図 3.1 に示す A, B レジスタの上部の数値が 2 進数であり，下部の数値が 16 進数である。実行後，計算結果は A レジスタに入るので A の内容は変化するが，B レジスタの内容は変化しない。

3.3 命令とプログラム

アセンブリ言語の命令（オペコード + オペランド）は，前節の例のように，一つの動作を行う。この命令を順次つなげていくと，複雑な動作ができる。命令を意味のある形に続けた状態をプログラム（program）という。プログラムは，初めに書いた部分から順に実行されていく。しかし，同じ手順を繰り返し行いたい場合が生じたら，もとに戻ることもある。

どのように命令をつなげるかは重要な問題であり，命令の実行手順をよく考える必要がある。図 3.2 (a) は，C レジスタのデータを B レジスタに移動してから，A レジスタと B レジスタの内容を足し算する場合である（はじめの A, B, C の内容を，それぞれ 5, 3, 2 とする）。ところが，図 (b) のように，この順序を逆にして，C から B へ移動する前に A と B を足し算し，その後データを移動すると，異なった結果になることがわかる。図の中に，対応するアセンブリ言語と，実行後の A, B, C の値を示した（LD 命令はデータ転送に用いられ，LD B, C は，データを C から B へ移動することを意味する。詳細は 5.2 節参照）。

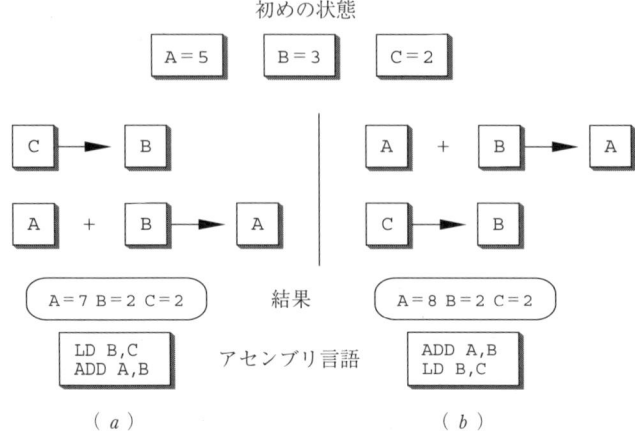

図 *3.2* 命令の実行順序による違い

このように，命令が正しく書かれていても，命令の続け方が間違っていると，プログラマが考えていない動作結果になることがある。

演 習 問 題

【1】 問表 *3.1* の 2 進数と 16 進数の対応表を完成せよ。

問表 *3.1*

2 進数	16 進数
1111 1111	(あ)
1010 1010	(い)
0101 0101	(う)
(え)	30
(お)	3F
(か)	AB

【2】 A=1，B=2 のとき，A+B を 2 回実行すると，A および B の内容は，それぞれどう変化するか示せ。

【3】 A=1，B=2，C=3 のとき，つぎの(1)(2)の場合で A レジスタの内容が異なるのはどちらか。
　　(1) 「A−B の後，A+C を実行」 と 「A+C の後，A−B を実行」
　　(2) 「A−B の後，A に C を代入」 と 「A に C を代入の後，A−B を実行」

4

Z80 アセンブリ言語仕様

4.1 ステートメントの構成

図 *4.1* にアセンブリ言語の全体の構成の例を示す。この例は，8+7+6+5+4+3+2+1 を計算し，その答である 36 をメモリの 1000H 番地に書き込むプログラムを示している。各命令の詳細な内容については，本章以降で詳細に説明するので，ここでは，このプログラムを例にとり，全体の形と流れだけを見ることにする。

No.	label	opcode	operand	address	machine code
1		ORG	8000H		
2		LD	A,00H	8000H	3E 00
3		LD	B,08H	8002H	06 08
4	LOOP:	ADD	A,B	8004H	80
5		DAA		8005H	27
6		DEC	B	8006H	05
7		JP	NZ,LOOP	8007H	C2 04 80
8		LD	(TOTAL),A	000AH	32 00 10
9		HALT		800DH	76
10	TOTAL	EQU	1000H		
11		END			

図 *4.1* アセンブリ言語の例

図に示すように，一般にアセンブリ言語は，**ラベル**（label），**オペコード**（opcode），**オペランド**（operand）から成り立っている（No. は説明の都合のための行番号を示していて，実際のプログラムには必要がない）。また，アドレス（address）は，このプログラムがマシンコード（16 進数）に変換され

て，実際にメモリに書き込まれる際の番地を示している。**機械語**（machine language）は，アセンブラにより翻訳したマシンコードになる。オペコードは必ず必要であるが，ラベルやオペランドは書かない場合もある。また，機械語に翻訳できない命令もある。1行の命令は機械語に翻訳したとき，1～3バイト（実際には4バイトまである）で置き換えられていることもわかる。

4.2 アセンブリプログラムの書き方・見方

図 4.1 のようなアセンブリ言語を書く場合，まず，どのような流れでプログラムを実行していくか考える必要がある。この流れを**アルゴリズム**（algorithm）という。簡単なプログラムであれば問題ないが，少し複雑な場合はプログラムの流れ図である**フローチャート**（flow chart）を書くと，より正確に短くまとめることができる。図 4.2 は，図 4.1 のプログラムのフローチャートである。このフローチャートについて，上から順に少し詳しく説明すると，つぎのようになる。

まずAとBの初期値を，それぞれ16進数の0と8に設定する（AやBはレジスタを表すが，ここでは単に変数だと考えても差し支えない）。つぎにA+Bを行う。具体的には，0+8になり，この答はAに入る。答を10進数に変換してから，B-1を行い，再びA+Bを行う。つまり，Bは7になっているので，0+8+7となる。以下同様にして，10進数変換とB-1を行ってからA+Bを行う。Bが1になるまで，この作業を繰り返せば，0+8+7+6+5+4+3+2+1の結果を計算できる。Bが0になったら，答を1000H番地に入れて終了する（Hは数値が16進数であることを表す）。

考え方の手順が決まったら，まずプログラムをメモリに書き込む番地を初めに指定する。これは，実際のメモリ空間がどのような状態かはハードに依存するので，あらかじめ調べておき，最適な番地に書き込む必要があるからである。図 4.1 の例 ORG 8000H（1行目）では，8000H番地よりプログラムが書き込まれる。実際に図 4.1 で示すマシンコード（1バイトデータ）は，**図**

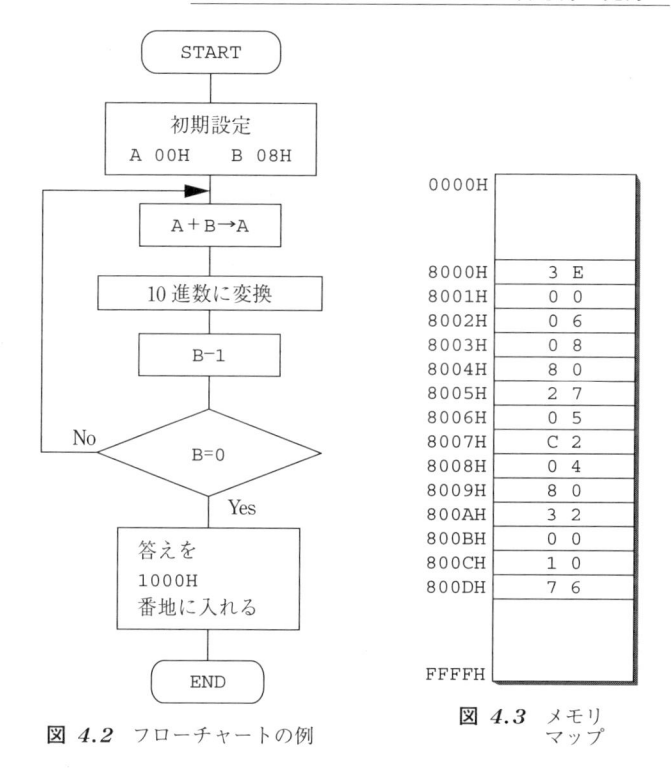

4.2 アセンブリプログラムの書き方・見方 　21

```
                    START
                      │
                      ▼
                ┌──────────┐
                │  初期設定  │
                │ A 00H B 08H│
                └──────────┘
                      │
          ┌──────────▶│
          │     ┌──────────┐
          │     │  A+B→A   │
          │     └──────────┘
          │           │
          │     ┌──────────┐
          │     │10進数に変換│
          │     └──────────┘
          │           │
          │     ┌──────────┐
          │     │   B-1    │
          │     └──────────┘
          │           │
          │ No     ◇B=0◇
          └───────   │
                   Yes
                      │
                ┌──────────┐
                │  答えを   │
                │ 1000H    │
                │番地に入れる│
                └──────────┘
                      │
                    END
```

0000H	
8000H	3 E
8001H	0 0
8002H	0 6
8003H	0 8
8004H	8 0
8005H	2 7
8006H	0 5
8007H	C 2
8008H	0 4
8009H	8 0
800AH	3 2
800BH	0 0
800CH	1 0
800DH	7 6
FFFFH	

図 4.2 フローチャートの例　　　**図 4.3** メモリマップ

*4.3*のように，各アドレスの中にデータとして格納される．この図を**メモリマップ**（memory map）と呼ぶ．Z80のアドレス線は16本なので，アドレスの数値は2バイト（16進数で4桁）になる．したがって，メモリの先頭番地は0000Hであり，最終番地はFFFFHとなる．

つぎに，図*4.1*で示すように，アセンブラ命令すなわち，プログラムの実体（オペコードとオペランド）をフローチャートを参考にしながら書いていく．各命令の内容については，5章で述べるので，ここでは特に説明しない．普通，実行の停止命令であるHALT命令（9行目）が最後になることが多い．END命令（11行目）はプログラムの記述の終わりを表す．プログラムの中で，機械語に翻訳できない文は疑似命令（4.6節参照）と呼ばれ，いくつかの種類があり，フローチャートでは直接現れない．ORG命令（1行目）もその一つである．

最後に，機械語に翻訳する必要があるが，この作業は，通常，アセンブ

ラが自動的に行う.また,変換表を見ながら翻訳(ハンドアセンブル,hand assemble)する場合もあるが,プログラムが長い場合は困難である.

4.3 定　　　数

図 *4.1* のアセンブリ言語を見ると,大部分が数字とアルファベットで構成されている(このほか,かっこ( )カンマ,コロン:などの特殊文字もある).例えば,3行目のオペランドには,B, 08H となっている.B は変数を格納しておくレジスタの意味であるが,08H は数値定数と呼ばれる.プログラムに使用できる定数は,数値定数と文字定数に大きく分けられる.また,数値定数の種類は,2進数,8進数,10進数,16進数があり,それぞれ数値のあとに文字をつけて区別する.**表 *4.1*** に具体的な例をまとめておく.

表 *4.1* 定数の種類

定数種類		使用できる数字や文字	表現の約束	例
数値定数	2進数	0　1	B をつける	1101B
	8進数	0　1　2　3　4　5　6　7	O(オー)をつける	25O
	10進数	0　1　2　3　4　5　6　7　8　9	D をつける(またはなにもつけない)	64D 158
	16進数	0　1　2　3　4　5　6　7　8　9 A　B　C　D　E　F	H をつける A～F が先頭のときは 0(ゼロ)をつける	79H 3AH 0B5H
文字定数		文字または数字	' と ' で囲む	'Z80'

4.4 文字とラベル

アセンブリ言語に使用可能な文字は,A～Z のアルファベット 26 文字である(この中で,A～F は 16 進数の数字としても使用される).これらは,オペコードやラベルに用いられる.また,0～9 の数字は,4.3 節のように数値定数としても使われるが,ラベルに使用することもできる.

ラベルとは,命令の行に割り付けられたアドレスを記号化したものであり,

必要な行につけることができる。通常，プログラムは，行番号の若い順に実行されていくが，プログラムを繰り返して実行したい場合，前に戻ることになる。このとき，ラベルはその戻るアドレスに相当する（詳細は5.6節のジャンプ命令参照）。したがって，図4.1で示す4行目のLOOPというラベルは，8004H番地に対応する。LOOPのつぎのコロン：は，ラベルとオペコードの区切りである（10行目のTOTALは疑似命令であるのでコロン：は付けない）。

ラベルを付ける場合，初めの文字はアルファベットで，数字と組み合わせた6文字以内で書かなければならない（7文字以降は無視）。また，オペコードやオペランドで使用するもの（予約語という）や，レジスタ名と同じものは使用できない。

図4.1を見ると，アセンブリ言語に使用する文字には，このほかに，いくつかの特殊文字があることがわかる。例えば，4行目のラベルのLOOP：のコロンや，7行目のオペランドの(TOTAL)，Aにある( )やカンマなどである。

表4.2に特殊文字の種類と用途を簡単にまとめておく。詳しくは，5章以降で，具体的なプログラムを参照しながら説明する。

表 4.2 特殊文字の種類

種　類	用　　　途	使 用 例
( )	( )の中のアドレスの内容	(1000H) (HL) (01H)
,	オペランド中の区切り	B,08H　A,B
:	ラベルとオペコードの区切り	LOOP:
;	注釈（プログラムに関係ない）	;Game
'	文字定数を囲む	'PROGRAM'
空白	オペコードとオペランドの区切り	LD(空白)A,00H
+	プラス記号	LD A,(IX+3)
-	マイナス記号	LD B,(IY-3)

4.5　オペコードとオペランド

オペコードとオペランドは，アセンブリ言語の本体である。オペコードが命令動作の実体であり，具体的に作用の対象となるのが，オペランドである。オペコードとオペランドの区切りは空白になる。また，オペランドとして，作用

されるものが二つあるときは，その間をカンマで区切る。

オペコード（命令）の種類はたくさんあるので，詳細は5章で種類別に説明することにする。例えば，オペコードの種類として，代表的な例は，すでに触れたように，LD命令（5.2節）がある。これは，レジスタやメモリの間でデータを転送するときに用いる。また，ADD命令（5.3節）はデータを加算する場合に用いられる。

一方，オペランドに書かれるのは，足し算する二つのデータが入っているレジスタ名や，指定された番地の内容，あるいは具体的な数値定数などが代表的である。また，プログラムの実行する場所を変更するジャンプ命令（5.6節）では，ジャンプする条件やジャンプする番地のラベルになる。このほかに，疑似命令で割り付けたラベルや，算術式などもある。

ここで，**図4.4**に初心者が誤りやすい例を示す。図で示すように，例えば，初めA, C, H, Lレジスタの中身を，それぞれ55H, 01H, 12H, 34Hとする。このとき（ ）がない場合，55Hや1234Hは単なる数値定数になる。また，AやHLはレジスタを示し，具体的にはその内容になる。ところが（ ）がつくと，(1234H)は1234H番地の内容になる。メモリの1234H番地に，かりに88Hがデータとして格納されていれば，(1234H)=88Hとなる。また，(HL)は，HLレジスタに入っている数値が示すアドレスの内容になる。この場合の例では，HL=1234Hであるので，(HL)=88Hになる。このように（ ）の中身はアドレス（2バイト）の数値になり，それ自身は1バイトのデータになる。

特殊な例として，入出力（IN, OUT）命令の場合（5.9節参照），（ ）の中が1バイトの数値となることがある。これは，入出力では，I/Oアドレス（1バイトの数値）を用いて表現するので，(01H)は01H番地のポートを意味する。この例では，Cレジスタの中身は01Hであるので，(C)も同様な意味になる。IN, OUT命令の場合のみ，（ ）内もそれ自身も1バイトの数値となる（ポートについては，5.9節で詳細に説明する）。

表4.3に，オペコードを含めたオペランドの代表的な具体例と簡単な説明を示す。

4.5 オペコードとオペランド

```
例  レジスタの内容
    A    C    H    L
   55H  01H  12H  34H
```

```
55H      数値定数   1バイト

1234H    数値定数   2バイト

A        55H       レジスタ

HL       1234H  →  H    L
                   12H  34H
```

(a) ( )がない場合

```
(HL)      1234H       メモリ
(1234H)   番地の内容    番地
          88H         1234H  88H
          を示す
```

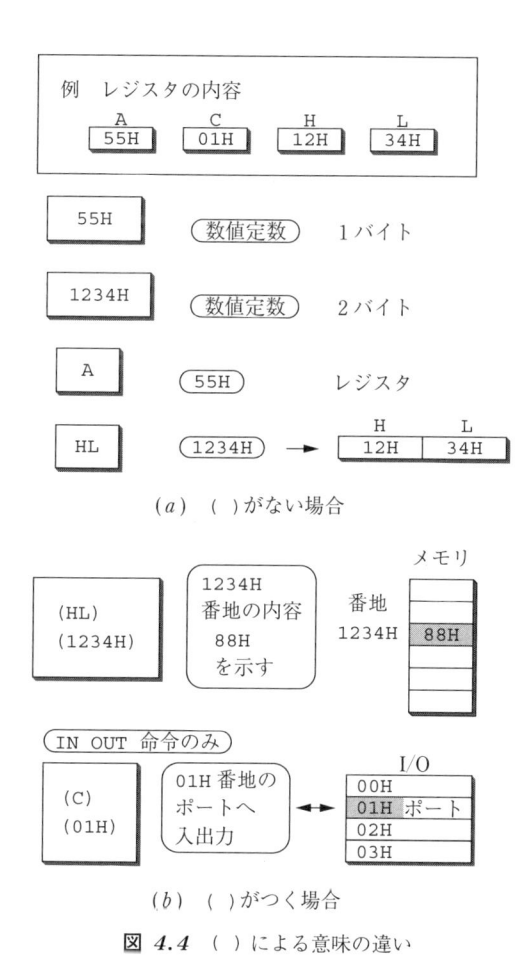

```
      IN OUT 命令のみ
                              I/O
(C)    01H番地の           00H
(1234H) ポートへ    ↔     01H ポート
        入出力              02H
                           03H
```

(b) ( )がつく場合

図 4.4 ( )による意味の違い

表 4.3 オペランドに書かれる内容の例

記述内容	具体例	意味
レジスタ	ADD A,B	AとBの内容を足し算する
フラグとラベル	JP NZ,LOOP	Zフラグの状態によりLOOPに飛ぶ
数値（文字）定数	LD B,08H	Bに数値定数08Hを転送する
アドレスの内容	LD(1000H),A	Aの内容を1000H番地に転送する

4.6 疑似命令

通常命令は，アセンブラによりマシン語コードに翻訳されて，マイクロプロセッサに送られる。このとき，プログラムを何番地から書き込めばよいかなどの，アセンブル作業に必要な情報を指示する必要がある。こうしたマシンコードに翻訳されないが，アセンブラにとって必要な命令を**疑似命令**という。また，プログラマがより簡単にプログラミングできるように考えられた疑似命令もある。疑似命令の種類と具体例は，つぎのようになる。

〔1〕 ORG（オリジン）命令

（使用例） ORG 8000H　（8000H番地からマシンコードが入る）

プログラムの先頭に位置し，マシンコードを書き込み始める番地を指示する。プログラムを書き込む位置は，ハードに依存している。Z80では，アドレス線が16本（4バイト）なので，**図4.5**のように，メモリの中は0000H番地からFFFFH番地に区切られている。普通，0000H番地からマイコン制御に必要なプログラムなどが入っていて，作成したプログラムは入力できない。したがって，ハードにより指定されたプログラム領域に書き込む必要がある。図4.5の例では，8000H番地以降を作成したプログラムの格納場所に使用できる。

```
0000H ┌─────────────┐
      │ マイコン制御 │
      │ プログラム   │
8000H ├─────────────┤
      │ 作成した     │
      │ プログラム   │
FFFFH └─────────────┘
```

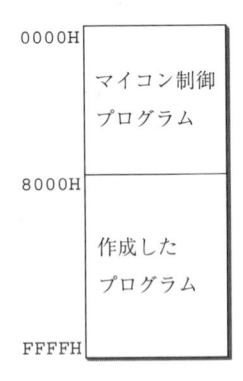

図 4.5　作成したプログラムの格納

〔2〕 END（エンド）命令

（使用例）　END 8000H　　（アセンブル作業の停止）

プログラムの最後に位置し，プログラムの終わりを示す。アセンブラは，ソースプログラムの先頭からマシンコードへの翻訳を始めていくが，その作業の終了を意味する。ENDだけでもよいが，使用例のように8000Hとすると，オブジェクトプログラムの実行番地（8000H）を指定できる。

〔3〕 EQU（イクエート）命令

（使用例）　TOTAL EQU 1000H　　（TOTALというラベルに1000Hを割り当てる）

ラベルに数値を割り当てる。同じ数値定数がプログラムの中に多く出現するとき，その数値をラベル化しておく疑似命令である。このことにより，もし，数値を変更する必要があったとき，ラベルの値のみ変更すればよく，プログラミングの効率が高まることになる。

〔4〕 DEFB（ディファインバイト）

（使用例）　DEFB 12H　　〔メモリに12H（1バイト）を割り付ける〕

この命令が書かれている番地（8000H）に，1バイトのデータ（12H）をセットする。具体的には，図4.6（a）のようになる。

〔5〕 DEFW（ディファインワード）

（使用例）　DEFW 1234H　　〔メモリに1234H（2バイト）を割り付ける〕

この命令が書かれている番地（8000H）に，2バイトのデータをセットする。ただし，セットの方法は，図4.6（b）に示すように，先に下位1バイト（使用例では34H）が入り，+1番地に上位1バイト（使用例では12H）が入る。

〔6〕 DEFS（ディファインストレージ）

（使用例）　DEFS 3　　（この命令がある番地から3バイトのメモリを確保する）

この命令が書かれている番地（8000H）から，指定した数値バイト分のメモリを確保する。したがって，図4.6（c）に示すように，DEFS命令の後に書かれているプログラムのマシンコード（この例では，ADD A,Bつまり80）は，

4. Z80アセンブリ言語仕様

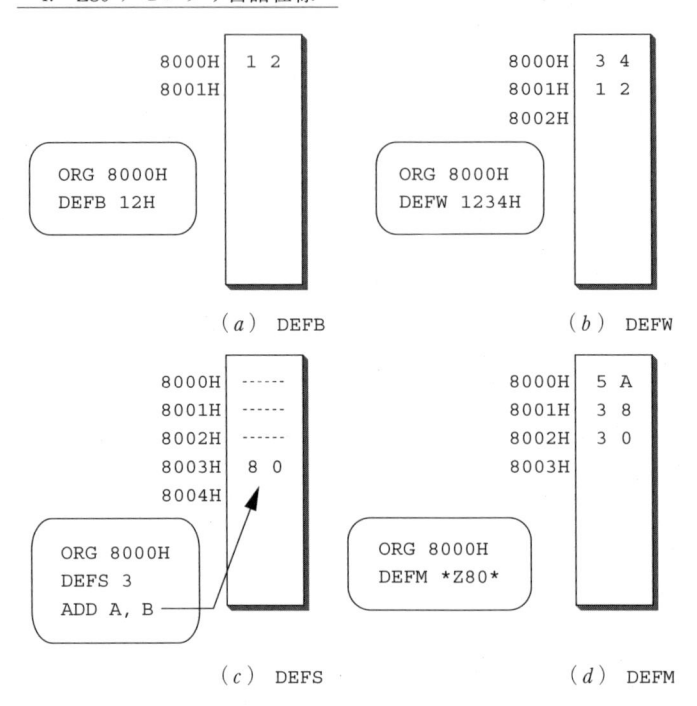

```
              8000H | 1 2 |                      8000H | 3 4 |
              8001H |     |                      8001H | 1 2 |
                                                 8002H |     |
   ┌─────────────┐                      ┌─────────────┐
   │ ORG 8000H   │                      │ ORG 8000H   │
   │ DEFB 12H    │                      │ DEFW 1234H  │
   └─────────────┘                      └─────────────┘

          (a) DEFB                              (b) DEFW


              8000H | ---- |                     8000H | 5 A |
              8001H | ---- |                     8001H | 3 8 |
              8002H | ---- |                     8002H | 3 0 |
              8003H | 8 0  |                     8003H |     |
              8004H |      |
   ┌─────────────┐                      ┌─────────────┐
   │ ORG 8000H   │                      │ ORG 8000H   │
   │ DEFS 3      │                      │ DEFM *Z80*  │
   │ ADD A, B    │                      └─────────────┘
   └─────────────┘

          (c) DEFS                              (d) DEFM
```

図 4.6 疑似命令

表 4.4 アスキーコード表（一部）

	2	3	4	5	6	7
0		0	@	P		p
1	!	1	A	Q	a	q
2	"	2	B	R	b	r
3	#	3	C	S	c	s
4	$	4	D	T	d	t
5	%	5	E	U	e	u
6	&	6	F	V	f	v
7	'	7	G	W	g	w
8	(	8	H	X	h	x
9	)	9	I	Y	I	y
A	*	:	J	Z	j	z
B	+	;	K	[	k	{
C	,	<	L	¥	l	|
D	-	=	M	]	m	}
E	.	>	N	^	n	-
F	/	?	O	_	o	

この確保されたメモリの後に書き込まれる。

〔7〕 **DEFM**（ディファインメッセージ）

（使用例） DEFM 'Z80'　（メモリに 'Z80' のアスキーコードを割り付ける）

この命令が書かれている番地（8000H）から，指定した文字定数（使用例ではZ80）のアスキーコードを割り付ける。**アスキーコード**とは，ASCII（American Standard Code for Information Interchange）の略である。使用例の場合，アスキーコードは，それぞれ，Z→5A，8→38，0→30であるので，図4.6（d）に示すようになる。**表4.4**にアスキーコード表の一部を示す。

演 習 問 題

【1】 つぎの数値の表現で，正しい場合は○，不適切な場合は×をつけよ。
　　　（1） 1201B　　（2） 88O（オー）　　（3） 33D
　　　（4） 66H　　（5） AA　　（6） AAH

【2】 つぎのラベル名で，正しい場合は○，不適切な場合は×をつけよ。
　　　（1） JUMP3　　（2） 3JUMP　　（3） JUMP
　　　（4） A　　（5） AB

【3】 つぎのオペランドの表現で，正しい場合は○，不適切な場合は×をつけよ。
　　　（1） (5000H)　　（2） (50H)　　（3） (50)
　　　（4） (10000H)　　（5） (HL)　　（6） (A)

【4】 つぎのようなプログラムにより，8000H番地からのメモリの内容はどうなるか示せ。

```
ORG 8000H
DEFB 55H
DEFW 3344H
DEFS 1
DEFM 'CPU'
ADD A,B
END
```

5

Z80 命令セット

5.1 Z80 命令セット概要

　図 5.1 に Z80 で使用される命令の基本的動作を示す。各命令の具体的な使用法は，次節以降で詳細に説明するが，これらの命令の一般的な動きを知っておくと理解しやすい。各命令群の簡単な意味と関連のオペコードをまとめておく。

　〔1〕**転送命令**　　レジスタやメモリ間でデータを転送する。8 ビットデータだけでなく，必要に応じて 16 ビットデータの移動も行うことができる。このとき，転送元のデータは，そのまま残る。Z80 において，もっとも種類の多い命令である。

```
（オペコード）　LD　　　注意（オペランドの種類が多い）
```

　〔2〕**算術・論理演算命令**　　二つのレジスタまたはメモリ間の算術（加算，減算）・論理（AND, OR, EXOR など）演算を行う。演算結果は，8 ビットデータでは A レジスタに格納され，16 ビットデータでは HL レジスタに格納される場合がほとんどであるが，IX, IY レジスタが使用される場合もある。また簡単に，指定したレジスタの数値を +1 したり -1 することもできる。

```
（オペコード）　ADD ADC SUB SBC
                AND OR XOR CP INC DEC
```

　〔3〕**ローテート・シフト命令**　　レジスタやメモリのデータを，ビットごとに一つ移動（シフト）したり，回転（ローテート）する。移動方向は右と左で自由に行える。データは 2 進数であるので，左移動は数値を倍にすること

5.1 Z80命令セット概要　31

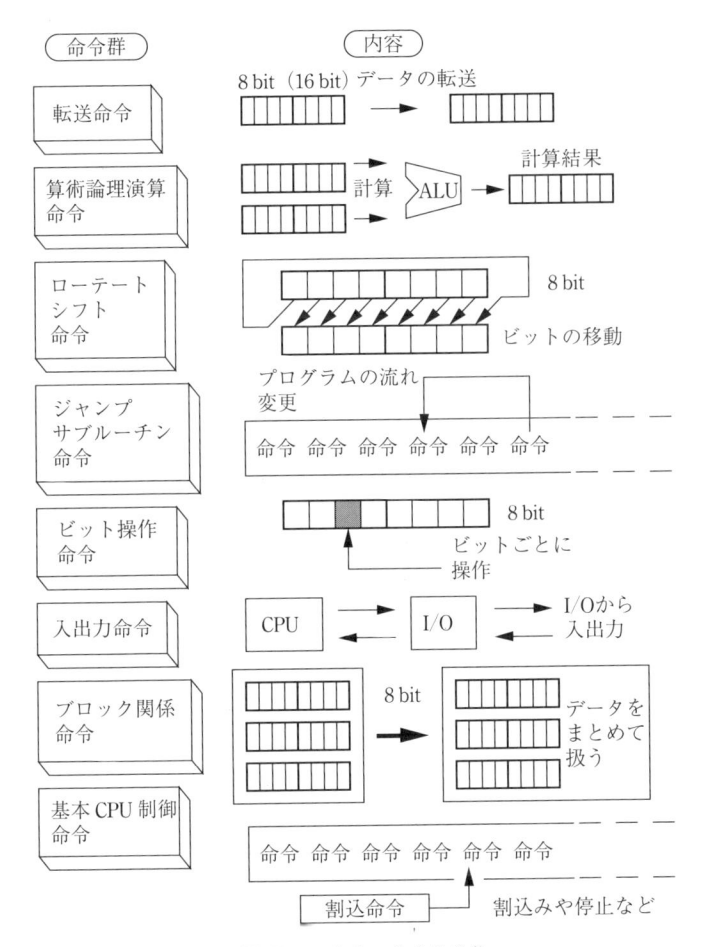

図 5.1 命令の基本的動作

を意味し，右移動は数値が半分になる．なお，この命令は8ビットデータ（4ビット単位での移動もある）のみ利用可能である．

```
（オペコード）  RLC RL RRC RR SLA SRL SRA
              RLCA RLA RRCA RRA RLD RRD
```

〔4〕**ジャンプ・サブルーチン命令**　プログラム中の任意の場所に，必要に応じて移動（ジャンプ）し，そこから実行する場合にジャンプ命令を使用する．このとき無条件にジャンプするときと，ある条件（例えば，計算したら0

になったなど）を満たすとジャンプする場合がある。

　また，機能的にまとまったプログラムや，使用頻度の高いプログラムを一つの塊（サブルーチン）にして，移動先をそこへ指定し，実行後，サブルーチンを呼び出した位置に戻るようにすると，そのサブルーチンを何回も使用でき便利である。さらに，プログラムの変更があった場合も，各部分のみの変更ですむので，プログラミングの効率が高まる。このように，サブルーチン関係の命令も，ジャンプ命令と同様に，プログラムの流れを変更するとき使用されるが，ジャンプ命令と異なる点は，移動前の場所（アドレス）を記憶しておくことができることである。

```
（オペコード）　JP JR DJNZ CALL RET PUSH POP
```

〔5〕　**ビット操作命令**　　8ビットデータの任意のビットを直接指定する命令である。指定したビットを1にする命令と0にする命令がある。また，任意のビットが0であるか1であるかを調べる命令もある。

```
（オペコード）　SET RES BIT
```

〔6〕　**入出力命令**　　ロボットなどの操作を行う場合，CPUに直接外部装置を接続できないので，I/OというLSIを介して接続する。このとき，I/Oに対して行う命令があり，入力と出力の2種類がある。また，つぎのブロック関係命令とも関連するが，まとめてデータをI/Oに入出力する命令がある。

```
（オペコード）　IN OUT
                INI INIR IND INDR
                OUTI OUTD OTIR OTDR
```

〔7〕　**ブロック関係命令**　　8ビットデータをまとめて一度に転送する命令である。使用法に制限があるが，うまく用いると短時間で実行が可能となる。

```
（オペコード）　LDI LDIR LDD LDDR
                CPI CPIR CPD CPDR
```

〔8〕　**基本CPU制御命令**　　CPUの実行を停止させたり，割込みを行ったりする制御命令である。また，〔1〕～〔7〕に含まれない命令も，特殊命令と

してここに分類しておく。

```
(オペコード)  DAA CPL NEG CCF SCF NOP HALT
              DI EI IM0 IM1 IM2 RETI RETN RSTN
              EX EXX
```

5.2 転送命令

転送命令は，メモリとレジスタの間でデータを送ったり，具体的な数値を書き込んだりする場合に用いられる。書き方はすべてつぎのようになる。

　　　　LD □, ○

ここで，□と○は，それぞれ第1オペランドと第2オペランドと呼ばれ，つぎに示すようにいろいろな書き方がある。この命令が実行されると，○のデータが□に転送される。このとき，○の値は変化しない。転送するデータの大きさにより，8ビット転送命令と16ビット転送命令の2種類がある。基本的に8ビット転送命令では，□と○の大きさ（ビット数）は同じであるが，16ビット転送命令では異なる場合がある。つぎに，具体的な例を上げて説明する。

〔1〕 8ビット転送命令

（a） レジスタ-レジスタ間での転送　A～Lのレジスタ間で自由にデータの移動ができる。図5.2に示すように，Bの内容をAに転送するには

例 LD A,B ）Bの内容を Aへ転送

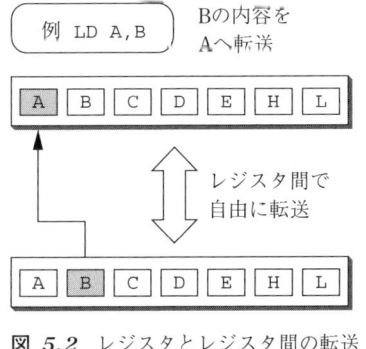

図 5.2　レジスタとレジスタ間の転送

表 5.1

r	A	B	C	D	E	H	L
LD A,r	7F	78	79	7A	7B	7C	7D
LD B,r	47	40	41	42	43	44	45
LD C,r	4F	48	49	4A	4B	4C	4D
LD D,r	57	50	51	52	53	54	55
LD E,r	5F	58	59	5A	5B	5C	5D
LD H,r	67	60	61	62	63	64	65
LD L,r	6F	68	69	6A	6B	6C	6D

```
    LD A, B
```
となる。**表5.1**から，この命令のマシン語は 78（1バイト命令）となる。

　(*b*) **レジスタに数値定数を転送**　A〜Lのレジスタに 1 バイト（8 ビット）のデータをセットできる。**図5.3**に示すように，Bに 55H を入れるには
```
    LD B, 55H
```
となる。**表5.2**から，この命令のマシン語は 06 55（2バイト命令）となる。表で示すnは1バイトの数値を意味する。

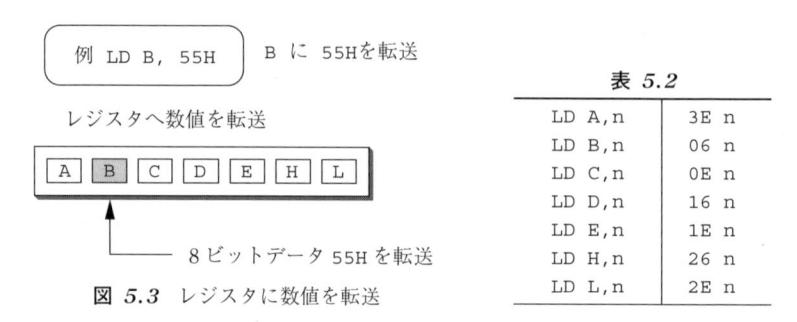

表 5.2	
LD A,n	3E n
LD B,n	06 n
LD C,n	0E n
LD D,n	16 n
LD E,n	1E n
LD H,n	26 n
LD L,n	2E n

図 5.3　レジスタに数値を転送

　(*c*) **レジスタとHL番地間での転送**　A〜LのレジスタにHLレジスタが示す番地の内容（データ）を転送したり，その逆に，HL番地にA〜Lのレジスタの内容を転送できる。**図5.4**に示すように，HL番地のデータをCレジスタへ転送するときは
```
    LD C, (HL)
```

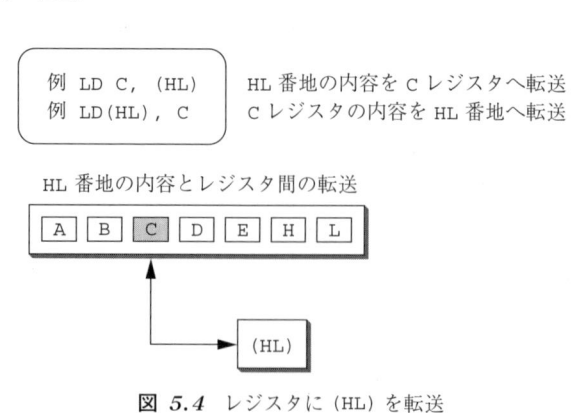

例 LD C, (HL)　　HL番地の内容をCレジスタへ転送
例 LD(HL), C　　Cレジスタの内容をHL番地へ転送

図 5.4　レジスタに (HL) を転送

Cの内容をHLが示す番地に転送するときは

  LD (HL), C

となる．(HL)は，例えば，Hに12H, Lに34Hが入っている場合は，1234H番地の内容を意味する．**表 5.3**から，これらの命令のマシン語は，それぞれ4Eおよび71となる．

表 5.3

r	A	B	C	D	E	H	L
LD r, (HL)	7E	46	4E	56	5E	66	6E
LD (HL), r	77	70	71	72	73	74	75

(d) **HL番地に数値定数を転送**　HLが示す番地に数値を転送できる．**図 5.5**に示すように，HLが示す番地に55Hを転送したいときは

  LD (HL), 55H

となる．例えば，1234H番地に55Hを転送したければ，あらかじめHに12H, Lに34Hを転送しておいてから，この命令を実行すればよい．**表 5.4**から，この命令のマシン語は36 55の2バイト命令となる．

例 LD (HL), 55H　55HをHL番地へ転送

HL番地に数値を転送

(HL) ⇐ 55H

図 5.5 (HL)に数値を転送

表 5.4

LD (HL), n	36 n

(e) **レジスタとIX IYレジスタが示す番地間での転送**　A〜Lのレジスタに，インデックスレジスタIX (またはIY) が示すアドレスから任意の番地 (d番地) を移動したメモリの内容を転送する．その逆も可能である．**図 5.6**に示すように，IX+3番地の内容をHに転送するには

  LD H, (IX+3)

逆に，Hの内容をIX+3番地に転送するときは

  LD (IX+3), H

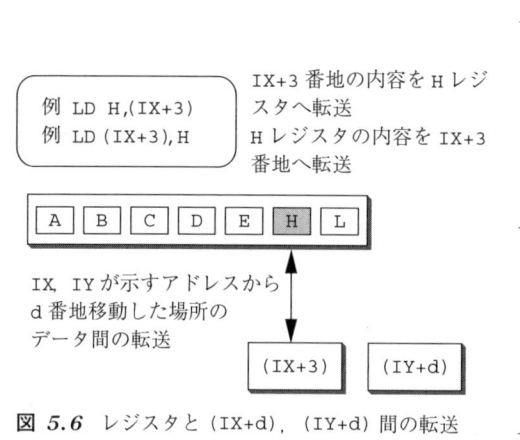

5. Z80 命令セット

表 5.5

r	(IX+d)	(IY+d)
LD A, r	DD 7E d	FD 7E d
LD B, r	DD 46 d	FD 46 d
LD C, r	DD 4E d	FD 4E d
LD D, r	DD 56 d	FD 56 d
LD E, r	DD 5E d	FD 5E d
LD H, r	DD 66 d	FD 66 d
LD L, r	DD 6E d	FD 6E D
LD r, A	DD 77 d	FD 77 d
LD r, B	DD 70 d	FD 70 d
LD r, C	DD 71 d	FD 71 d
LD r, D	DD 72 d	FD 72 d
LD r, E	DD 73 d	FD 73 d
LD r, H	DD 74 d	FD 74 d
LD r, L	DD 75 d	FD 75 d

例 LD H,(IX+3)　IX+3 番地の内容を H レジスタへ転送
例 LD (IX+3),H　H レジスタの内容を IX+3 番地へ転送

IX, IY が示すアドレスから d 番地移動した場所のデータ間の転送

図 5.6 レジスタと (IX+d), (IY+d) 間の転送

となる。もし，IXに1000Hが入っていると，IX+3は1003H番地となる。**表5.5**から，これらの命令のマシン語は，それぞれDD 66 03 およびDD 74 03の3バイト命令となる。

　(f)　IXまたはIYレジスタが示す番地に数値を転送　　**図5.7**に示すように，(IX+3)に55Hを転送するときは，つぎのようになる。

　　　　LD (IX+3), 55H

表5.6から，この命令のマシン語はDD 36 03 55の4バイト命令となる。

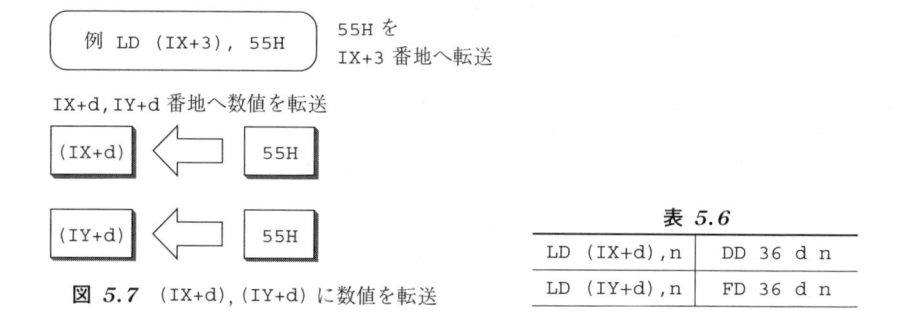

例 LD (IX+3), 55H　55H を IX+3 番地へ転送

IX+d, IY+d 番地へ数値を転送

(IX+d) ← 55H
(IY+d) ← 55H

図 5.7 (IX+d), (IY+d) に数値を転送

表 5.6

LD (IX+d),n	DD 36 d n
LD (IY+d),n	FD 36 d n

〔2〕**A レジスタに特有の 8 ビット転送命令**　　A レジスタは，ほかのレジスタより機能的に優れている。**図5.8**に示すように，BC 番地の内容，DE

5.2 転送命令

```
例  LD A,(BC)      BC番地の内容をAレジスタへ転送
    LD (BC),A      Aレジスタの内容をBC番地へ転送

例  LD A,(1234H)   1234H番地の内容をAレジスタへ転送
    LD (1234H),A   Aレジスタの内容1234H番地へ転送

例  LD A,R         Rレジスタの内容を
                   Aレジスタへ転送
```

```
                        (BC)    BC番地の内容
    A    ⇔             (DE)    DE番地の内容
                        (nn')   nn'番地の内容
  Aレジスタ特有命令
  BCDEHLレジスタでは    I       割込みレジスタの内容
  この命令はない         R       リフレッシュレジスタの内容
```

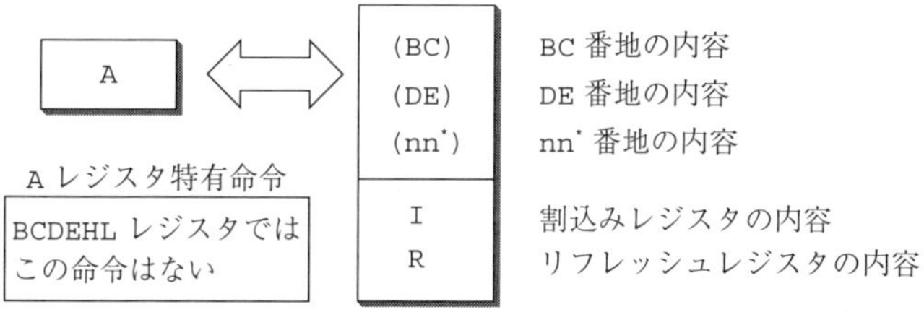

図 5.8 Aレジスタ特有の転送

番地の内容，2バイト（16ビット）の数値で示す番地の内容，IおよびRレジスタとの間で転送が可能である。

例えば，BC番地の内容をAに転送するには

　　LD A,(BC)

その逆は

　　LD (BC),A

となる。**表 5.7**から，これらの命令のマシン語は，それぞれ 0A と 02 となる。

また，1234H番地の内容をAに転送するには

　　LD A,(1234H)

その逆は

表 5.7

m	(BC)	(DE)	(nn')	I	R
LD A, m	0A	1A	3A n' n	ED 57	ED 5F
LD m, A	02	12	32 n' n	ED 47	ED 4F

```
    LD (1234H), A
```
となる。同様に表から，これらの命令のマシン語はそれぞれ 3A 34 12 および 32 34 12 となる。このとき，マシン語では，（ ）の中の番地の上位と下位の順序が入れ替わるので注意する。

さらにAレジスタには，割込みレジスタIやリフレッシュレジスタRともデータの転送が可能である。例えば，Rの内容をAに転送するには

```
    LD A, R
```
となり，この命令のマシン語は ED 5F となる。

〔3〕 **16ビット転送命令**

(*a*) 2バイト(16ビット)の数値が示す番地とレジスタ間の転送　2バイトの数値が示す番地と16ビットレジスタまたはペアレジスタ(HL, BC, DE)間での自由な転送ができる。もし，2バイトの数値が1000Hとすると，1000H番地の内容と1001H番地の内容の両方が対象になる。図 **5.9** に示すように，1000H番地と1001H番地の内容をHLレジスタに転送するには

```
例 LD HL, (1000H)
  LD (1000H), HL
```

1000H番地と1001H番地の内容をHLレジスタへ転送
HLレジスタの内容を1000H番地と1001H番地へ転送

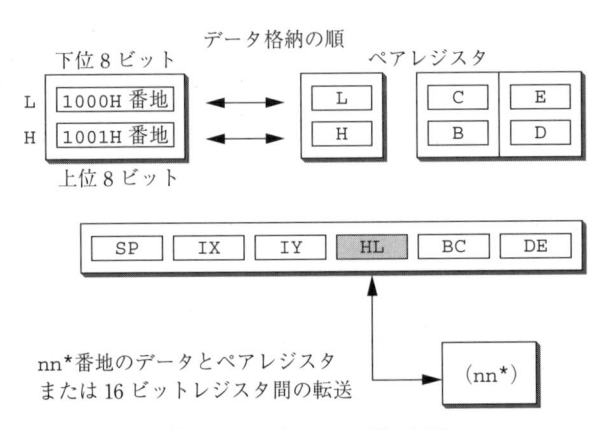

図 **5.9** HLと(nn*)間の転送

5.2 転送命令

```
LD HL, (1000H)
```

となる。この場合，第1オペランドは16ビットで，第2オペランドは8ビットの形であるが，(1000H)の意味は，自動的に(1000H)と(1001H)となる。HやLは，単独では，1バイト（8ビット）のデータしか入らないので，HLとして16バイトレジスタのように扱う。これをペアレジスタと呼び，HL, BC, DEの組合せだけが可能である。以上の例では，図に示すように，1000H番地の内容が，Lレジスタに入り，1001H番地の内容がHレジスタに入る。**表5.8**から，マシン語は2A 00 10 であり，( )内の数値の上位と下位は逆になる。

表 5.8

rr	SP	IX	IY	HL	BC	DE
LD rr,(nn')	ED 7Bn'n	DD 2An'n	FD 2An'n	2An'n	ED 4Bn'nn	ED 5Bn'
LD (nn'), rr	ED 73n'n	DD 22n'n	FD 22n'n	22n'n	ED 43n'nn	ED 53n'

(b) 16ビットレジスタまたはペアレジスタに2バイトの数値を転送

図5.10に示すように，例えば，SPに5555Hを転送するには

```
LD SP, 5555H
```

となる。この場合は，二つのオペランドの形は16ビットであり，同じになる。**表5.9**から，マシン語は31 55 55 となる。

例 LD SP,5555H　　SPへ5555Hを転送

ペアレジスタまたは16ビットレジスタへ数値を転送

| SP | IX | IY | HL | BC | DE |

　　↑
　　└── 16ビットデータ　5555Hを転送

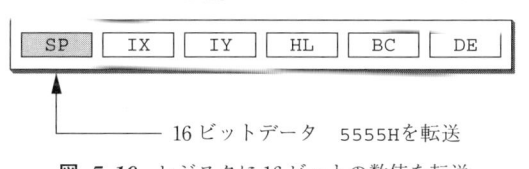

図 5.10　レジスタに16ビットの数値を転送

表 5.9

rr	SP	IX	IY	HL	BC	DE
LD rr,nn'	31n'n	DD 21n'n	FD 21n'n	21n'n	01n'n	11n'n

(c) SPに特有な転送命令　図 5.11のようにSPには，HL, IX, IYレジスタの内容を直接取り込む機能がある．例えば，SPにHLの内容を転送するには

　　　LD SP, HL

となり，表 5.10から，マシン語はF9となる．

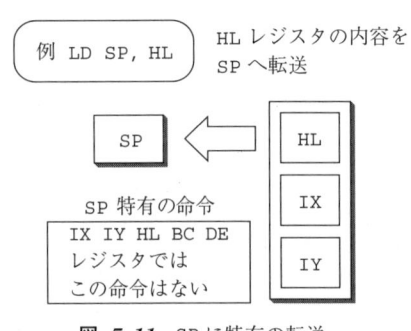

例 LD SP, HL　HLレジスタの内容をSPへ転送

SP特有の命令
IX IY HL BC DEレジスタではこの命令はない

図 5.11　SPに特有の転送

表 5.10

rr	HL	IX	IY
LD SP, rr	F9	DD F9	FD F9

5.3　算術演算命令

　算術演算命令は，第1オペランドと第2オペランドに示す内容の和や差を計算する場合に使用される．ただし，計算において，F（フラグレジスタ）内のキャリーフラグ（CYで表す）と呼ばれる1ビットの値が計算に関係する場合がある．フラグレジスタについては，5.6節において詳細に説明するが，ここでは必要上キャリーフラグについてだけ簡単に説明しておくことにする．
　キャリーフラグCYとは，二つの数値の和を計算し，桁あふれ（キャリー, carry）が生じたとき，その桁あふれの1を入れる1ビット記憶場所である（数値は2進数なので，桁あふれはつねに1になる）．なお，桁あふれがない場合は0になる．例えば両方の数値が8ビットであり，計算結果が8ビットでおさまらないときや，差を計算する場合でも，引かれる数が大きくて1を借りる（borrow）ときもCYは1になる．

5.3 算術演算命令

5.3.1 8ビット演算命令

8ビットの演算とは，AレジスタとA～Lのレジスタ，あるいは（HL），または数値（8ビット）などの和や差を計算することであり，その結果は必ずAレジスタに格納される。つまり，この命令群を実行すると，Aの内容は変化する。計算は2.2節で説明した演算回路ALUを通して行われる。

〔1〕 **ADD命令** 図5.12に示すように，AとBの内容の和を求め，その答をAに入れる場合は

　　　ADD A, B

となる。表5.11から，この命令のマシン語は，80となる。

また，AレジスタとHLレジスタが示す番地のデータと足し算する場合や，Aと具体的な数値（例えば55H）を足し算する場合についても，つぎのようにそれぞれ書くことができる。

　　　ADD A, (HL)

　　　ADD A, 55H

これらの場合，もし計算により桁あふれがあれば，その桁あふれの1がCYに

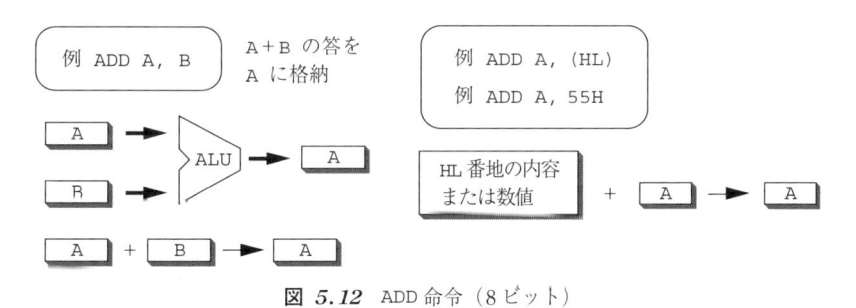

図 5.12 ADD命令（8ビット）

表 5.11

r	A	B	C	D	E	H	L	(HL)	n	(IX+d)	(IY+d)
ADD A, r	87	80	81	82	83	84	85	86	C6n	DD86d	FD86d
ADC A, r	8F	88	89	8A	8B	8C	8D	8E	CEn	DD8Ed	FD8Ed
SUB r	97	90	91	92	93	94	95	96	D6n	DD96d	FD96d
SBC A, r	9F	98	99	9A	9B	9C	9D	9E	DEn	DD9Ed	FD9Ed
INC r	3C	04	0C	14	1C	24	2C	34	-	DD34d	FD34d
DEC r	3D	05	0D	15	1D	25	2D	35	-	DD35d	FD35d

入る。表から，これらの命令のマシン語はそれぞれ 86 および C6 55 となる。

〔2〕 **ADC 命令**　前の項目とほぼ同じであるが，計算において，CY の 1 ビットも合わせて足し算される。**図 5.13** に示すように，A と B を CY (1 or 0) も含めて足し算するときは

　　　ADC A, B

となる。もし CY=0 であれば，A に格納される計算結果は ADD A, B と同じになるが，CY=1 のときはそれより 1 だけ大きくなる。マシン語は 88 である。

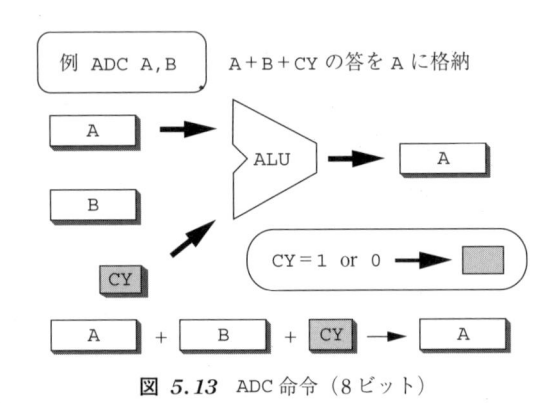

図 5.13 ADC 命令 (8 ビット)

〔3〕 **SUB 命令**　**図 5.14** に示すように，A から B を引き算するときは，つぎのようになる。

　　　SUB B

この場合，オペランドに A を書かないが，A-B を計算する。計算結果は A に入る。マシン語は 90 である。

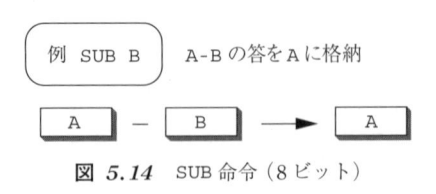

図 5.14 SUB 命令 (8 ビット)

〔4〕 **SBC 命令**　**図 5.15** に示すように，A から B を CY も含めて引き算するときは

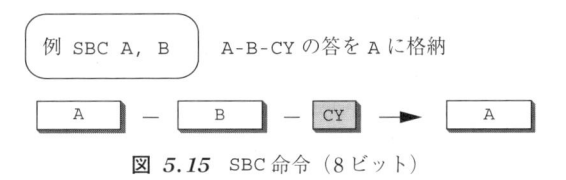

例 SBC A, B　　A-B-CYの答をAに格納

```
A  -  B  -  CY  →  A
```

図 5.15　SBC命令（8ビット）

　　SBC A, B

となる。マシン語は 98 である。

5.3.2　16ビット演算命令

　HLレジスタと16ビットレジスタ（SP, BC, DE, HL）の和を求める場合であり，計算結果は必ずHLに格納される。

〔1〕**ADD命令**　　図5.16のようにペアレジスタHLとBCとの和を計算するには

　　ADD　HL, BC

となる。このとき結果はHLに入る。マシン語は**表5.12**から，09となる。

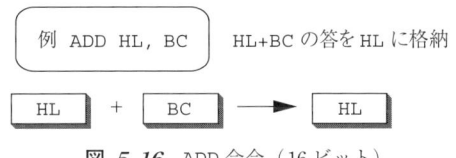

例 ADD HL, BC　　HL+BCの答をHLに格納

```
HL  +  BC  →  HL
```

図 5.16　ADD命令（16ビット）

表 5.12

rr	SP	BC	DE	HL	IX	IY
ADD HL,rr	39	09	19	29		
ADC HL,rr	ED 7A	ED 4A	ED 5A	ED 6A		
SBC HL,rr	ED 72	ED 42	ED 52	ED 62		
ADD IX,rr	DD 39	DD 09	DD 19		DD 29	
ADD IY,rr	FD 39	FD 09	FD 19			FD 29
INC rr	33	03	13	23	DD 23	FD 23
DEC rr	3B	0B	1B	2B	DD 2B	FD 2B

〔2〕**ADC命令**　　図5.17に示すように，HLからBCをCYも含めて足し算する場合は

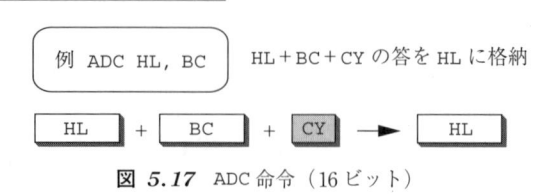

例 ADC HL, BC　　HL＋BC＋CY の答を HL に格納

HL ＋ BC ＋ CY → HL

図 **5.17**　ADC 命令（16 ビット）

ADC HL, BC

となる．この場合，マシン語は ED 4A となる．

〔3〕 **SBC 命令**　　図 **5.18** のように，HL から BC を CY も含めて引き算する場合は

SBC HL, BC

となり，マシン語は ED 42 となる．

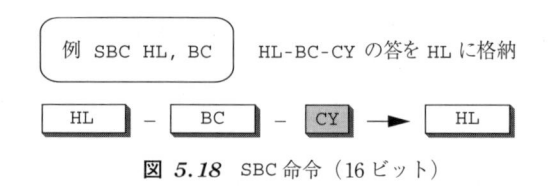

例 SBC HL, BC　　HL-BC-CY の答を HL に格納

HL － BC － CY → HL

図 **5.18**　SBC 命令（16 ビット）

5.3.3　インクリメントとデクリメント命令

A〜L のレジスタ，(HL)，数値（8 ビット）などの内容に 1 を加えたり，1 を引いたりする場合によく用いられる．

〔1〕 **INC 命令**　　図 **5.19** のように，オペランドの内容を 1 増加させる（インクリメント，increment）命令である．例えば，B や BC の内容に 1 を足す

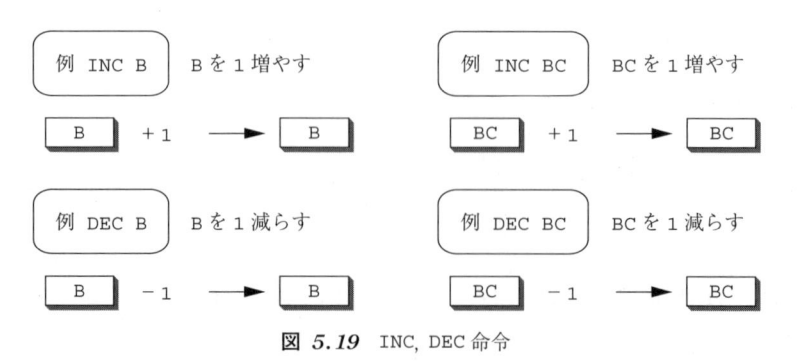

例 INC B　　B を 1 増やす　　　　　　例 INC BC　　BC を 1 増やす

B ＋1 → B　　　　　　　　　　　　BC ＋1 → BC

例 DEC B　　B を 1 減らす　　　　　　例 DEC BC　　BC を 1 減らす

B －1 → B　　　　　　　　　　　　BC －1 → BC

図 **5.19**　INC, DEC 命令

には，ADD 命令を用いなくても，つぎのように簡単に書くことができる。

  INC B

  INC BC

〔*2*〕 **DEC 命令** 同様に，オペランドの内容を1減らす（ディクリメント，decrement）には，SUB 命令でなく，つぎのようにするとよい。

  DEC B

  DEC BC

5.4 論 理 演 算 命 令

論理演算命令は，A レジスタの内容と8ビットのレジスタ，あるいはメモリの内容，または数値との論理演算を行う。論理演算とは，AND（論理積），OR（論理和），ExOR（排他的論理和）を意味する。論理演算は各ビットごとに行われる。なお，この演算結果は A レジスタに格納される。また，このほかに A レジスタとオペランドとの比較を行う CP（コンペア）がある。

〔*1*〕 **AND 命令** AND は両方のビットが1のときだけ結果が1となり，それ以外は0になる。図 *5.20* に示すように，A と B の内容の AND をとり，その結果を A に入れる場合は

```
      0110 1111    6FH
      0011 0000    30H
AND   0010 0000    20H
```

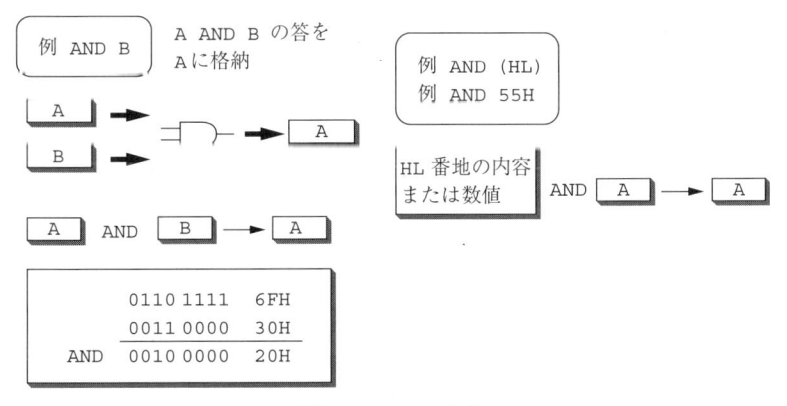

図 *5.20* AND 命令

AND B

となる。必ずAの内容が対象になるのでAは書かない。具体的には，実行前，Aの内容が 0110 1111 (6FH)，Bの内容が 0011 0000 (30H) のとき，実行後，Aは 0010 0000 (20H) となる。**表 5.13** から，この命令のマシン語はA0となる。

表 5.13

r	A	B	C	D	E	H	L	(HL)	n	(IX+d)	(IY+d)
AND r	A7	A0	A1	A2	A3	A4	A5	A6	E6 n	DD A6 d	FD A6 d
OR r	B7	B0	B1	B2	B3	B4	B5	B6	F6 n	DD B6 d	FD B6 d
XOR r	AF	A8	A9	AA	AB	AC	AD	AE	EE n	DD AE d	FD AE d
CP r	BF	B8	B9	BA	BB	BC	BD	BE	FE n	DD BE d	FD BE d

また，AレジスタとHLレジスタが示す番地のデータとのANDを実行する場合や，Aと具体的な数値（例えば55H）とのANDをとる場合についても，つぎのように，それぞれ書くことができる。

AND (HL)

AND 55H

同様に，これらの命令のマシン語は，それぞれA6およびE6 55となる。

〔2〕 **OR 命令** ORは両方のビットが0のときだけ結果が0となり，それ以外は1となる。図 **5.21** に示すように，AとBの内容のORをとる場合は

OR B

```
           0110 1111   6FH
           0011 0000   30H
        OR 0111 1111   7FH
```

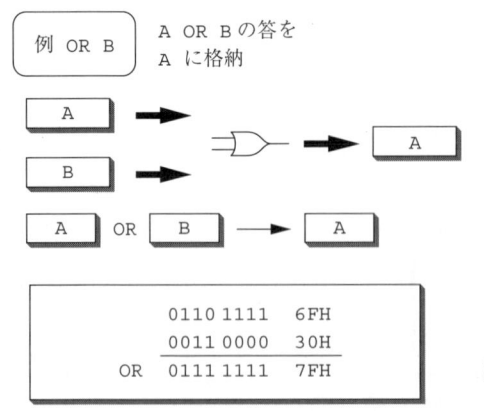

図 *5.21* OR 命令

5.4 論理演算命令   47

となる。同様に実行前，Aの内容が0110 1111（6FH），Bの内容が0011 0000（30H）のとき，実行後，Aは0111 1111（7FH）となる。マシン語はB0である。

〔3〕 **XOR命令**　XOR命令は，ExORを意味し，これは，両方のビットが異なる場合，結果が1になる。図 5.22 に示すように，AとBの内容のExORをとるときは，つぎのようになる。

  XOR B

実行前，Aの内容が0110 1111（6FH），Bの内容が0011 0000（30H）のとき，実行後，Aは0101 1111（5FH）となる。マシン語はA8である。

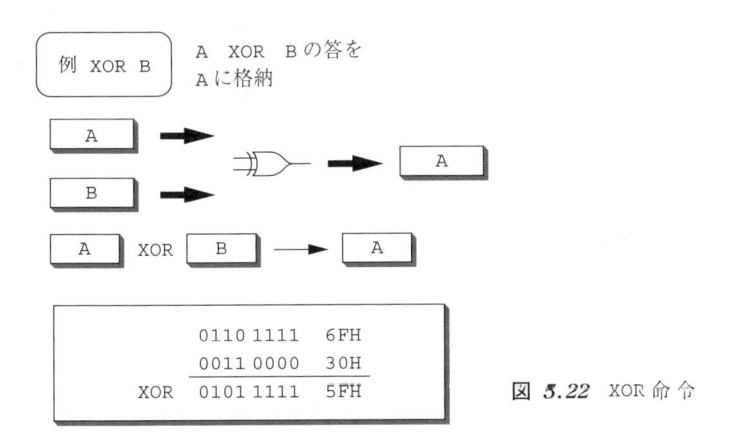

```
例 XOR B    A XOR Bの答を
            Aに格納

    A  →
    B  →       ⊕  →    A

    A  XOR  B  →    A


         0110 1111   6FH
         0011 0000   30H
    XOR  0101 1111   5FH
```

図 5.22　XOR命令

〔4〕 **CP命令**　CP命令は，Aレジスタと対象オペランドとの比較を行う。図 5.23 に示すように，AとBの内容を比較するには

  CP B

となる。具体的には，A-Bを行い，計算結果が0ならゼロ（Z）フラグが立つ（Z=1となる）。Zフラグは5.3節で説明したキャリー（CY）フラグと同様にFレジスタ内の一つのビットであり，演算結果が0になるときZ=1になる。この場合，演算により各レジスタの内容は変化しない。比較した結果，データどうしが一致していれば，Zフラグが1となるだけである。マシン語はB8となる。

48   5. Z80 命令セット

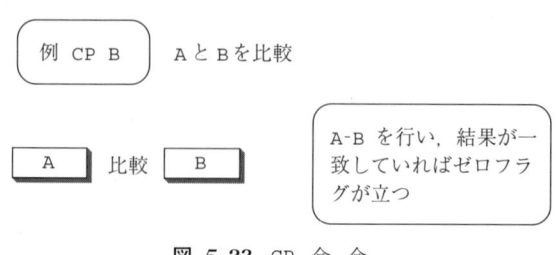

例 CP B   AとBを比較

A 比較 B   A-B を行い，結果が一致していればゼロフラグが立つ

図 5.23 CP 命令

5.5 ローテート・シフト命令

5.5.1 ビットごとの回転と移動

ローテート命令はビットの回転を意味し，**シフト命令**はビットの移動を意味する。ローテートまたは，シフトされるビットは8ビットに限られ，8ビットのレジスタ，または，(HL), (IX+d), (IY+d) が対象となる。

〔1〕 **RLC 命令**　図 5.24 に示すように，Bレジスタの内容を左方向に回転させる場合は

　　　RLC B

となる。この命令の実行により，各ビットは，それぞれ左に一つ移動する。最上位ビットは最下位のビットに移動するが，CY にも入る。したがって，実行前にBの内容がACHだとすると，実行後Bの内容は，59H となる。**表 5.14**

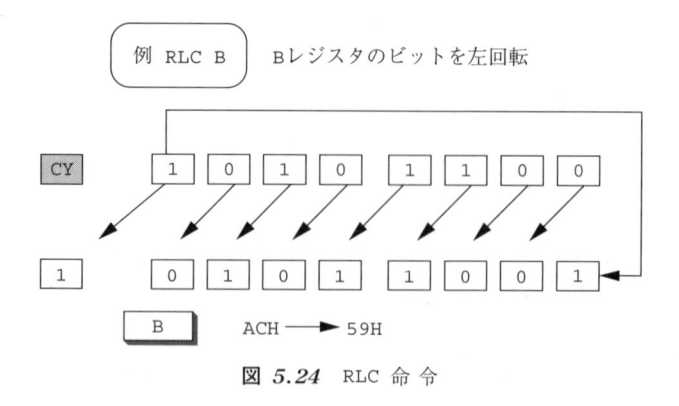

例 RLC B   Bレジスタのビットを左回転

CY 1 0 1 0 1 1 0 0

1 0 1 0 1 1 0 0 1

B   ACH → 59H

図 5.24 RLC 命令

5.5 ローテート・シフト命令

表 5.14

r	A	B	C	D	E	H	L	(HL)
RLC r	CB 07	CB 00	CB 01	CB 02	CB 03	CB 04	CB 05	CB 06
RL r	CB 17	CB 10	CB 11	CB 12	CB 13	CB 14	CB 15	CB 16
RRC r	CB 0F	CB 08	CB 09	CB 0A	CB 0B	CB 0C	CB 0D	CB 0E
RR r	CB 1F	CB 18	CB 19	CB 1A	CB 1B	CB 1C	CB 1D	CB 1E
SLA r	CB 27	CB 20	CB 21	CB 22	CB 23	CB 24	CB 25	CB 26
SRL r	CB 3F	CB 38	CB 39	CB 3A	CB 3B	CB 3C	CB 3D	CB 3E
SRA r	CB 2F	CB 28	CB 29	CB 2A	CB 2B	CB 2C	CB 2D	CB CE

表 (つづき)

( )	(IX+d)	(IY+d)
RLC ( )	DD CB d 06	FD CB d 06
RL ( )	DD CB d 16	FD CB d 16
RRC ( )	DD CB d 0E	FD CB d 0E
RR ( )	DD CB d 1E	FD CB d 1E
SLA ( )	DD CB d 26	FD CB d 26
SRL ( )	DD CB d 3E	FD CB d 3E
SRA ( )	DD CB d 2E	FD CB d 2E

から，この命令のマシン語は，CB 00 の 2 バイト命令になる。

〔2〕 **RL 命 令** 図 5.25 に示すように，B の内容を CY を経由して左方向に回転させる場合は

　　　RL B

となる。RLC と異なるのは，最上位ビットが CY に入り，移動前の CY の内容が最下位ビットに入る点である。実行前に B の内容が ACH だとすると，実行

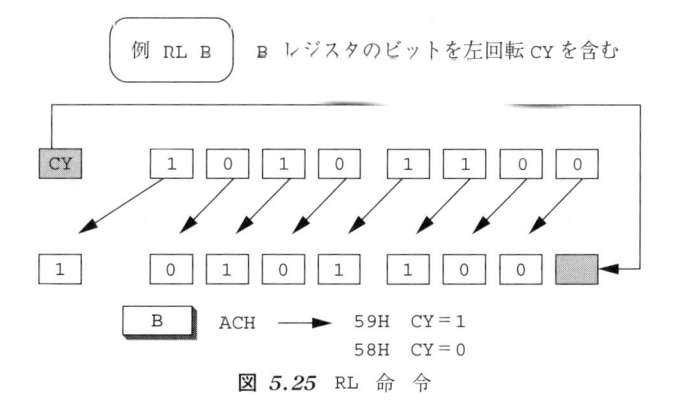

例 RL B　B レジスタのビットを左回転 CY を含む

B　ACH ⟶ 59H　CY＝1
　　　　　 58H　CY＝0

図 5.25 RL 命 令

後，Bの内容は前のCYが1のときは59Hとなるが，前のCYが0であったなら58Hになる。マシン語は，CB 10 である。

〔**3**〕 **RRC 命 令**　　RRC命令は，**図 5.26**に示すように，RLC命令の逆方向回転となる。Bレジスタの内容を右方向に回転させる場合は

　　　　RRC B

となる。この命令の実行により，各ビットは，それぞれ右に一つ移動する。最下位ビットは最上位のビットに移動し，CY にも入る。したがって，実行前にBの内容がACHだとすると，実行後Bの内容は，56Hとなる。同様に表5.14から，この命令のマシン語は，CB 08 になる。

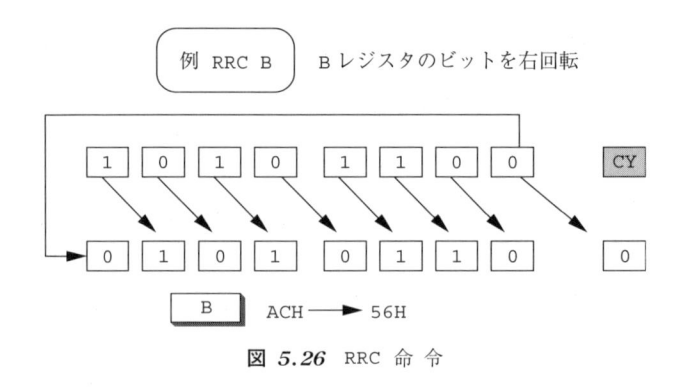

図 5.26　RRC 命 令

〔**4**〕 **RR 命 令**　　RR命令は，**図 5.27**に示すように，RL命令の逆方向回転となる。Bの内容を CY を経由して右方向に回転させる場合は

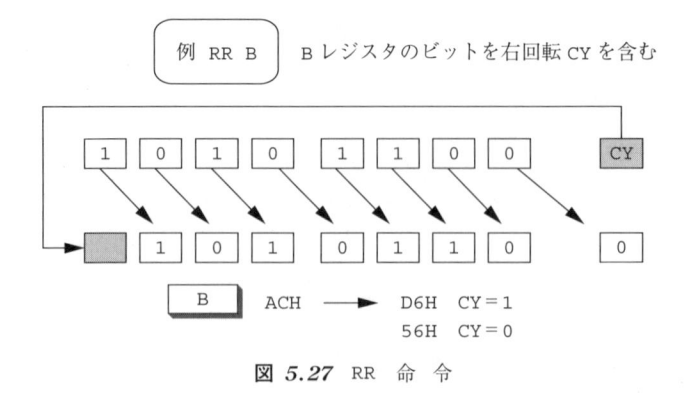

図 5.27　RR 命 令

RR B

となる．RRC と異なるのは，最下位ビットが CY に入り，移動前の CY の内容が最上位ビットに入る点である．実行前に B の内容が ACH だとすると，実行後，B の内容は前の CY が 1 のときは D6H となるが，前の CY が 0 であったなら 56H になる．マシン語は，CB 18 である．

〔5〕 **SLA 命令**　図 5.28 に示すように，SLA 命令は回転ではなく，ビットを左に一つだけシフトする．最上位ビットは CY に入るが，最下位ビットにはつねに 0 が入る．したがって，この命令を 8 回続けると，内容の各ビットはすべて 0 になる．図のように，B の内容を左にシフトするには，つぎのようにする．

　　　SLA B

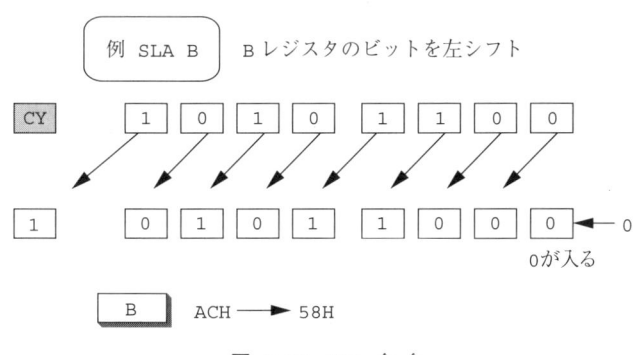

図 5.28　SLA 命令

実行前に B の内容が ACH だとすると，実行後 B の内容は，58H となる．同様に表 5.14 から，この命令のマシン語は，CB 20 になる．

〔6〕 **SRL 命令**　SRL 命令は，図 5.29 に示すように，SLA 命令の逆方向シフトとなる．B レジスタの内容を右にシフトするには

　　　SRL B

となる．このとき，最下位ビットは CY に入り，最上位ビットにはつねに 0 が入る．つまり，実行前に B の内容が ACH だとすると，実行後 B の内容は，56H となる．この命令のマシン語は，CB 38 である．

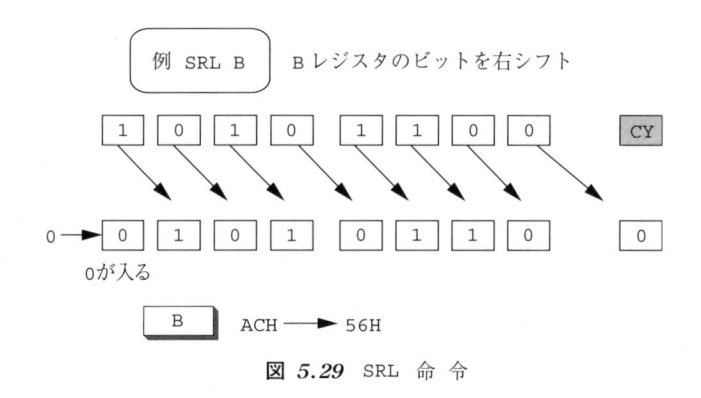

```
        例 SRL B        Bレジスタのビットを右シフト
```

```
      ┌─┐┌─┐┌─┐┌─┐┌─┐┌─┐┌─┐┌─┐    ┌──┐
      │1││0││1││0││1││1││0││0│    │CY│
      └─┘└─┘└─┘└─┘└─┘└─┘└─┘└─┘    └──┘

  0→ ┌─┐┌─┐┌─┐┌─┐┌─┐┌─┐┌─┐┌─┐    ┌─┐
     │0││1││0││1││0││1││1││0│    │0│
     └─┘└─┘└─┘└─┘└─┘└─┘└─┘└─┘    └─┘
  0が入る

         B      ACH ──→ 56H
```

図 5.29 SRL 命令

〔7〕**SRA 命令**　図 5.30 に示すように，この命令は SRL に似ているが，異なるところは，最上位ビットが変化しない点である．つまり，実行前の最上位ビットが 0 であれば，SRL 命令と同じになるが，1 のときは，実行結果が異なるので注意する．図のように，実行前に B の内容が ACH だとすると，実行後，B の内容は D6H となる．この命令のマシン語は，CB 28 になる．

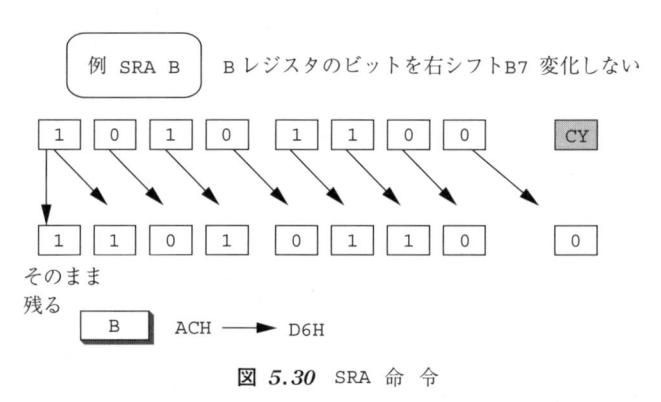

```
        例 SRA B        Bレジスタのビットを右シフトB7 変化しない
```

```
      ┌─┐┌─┐┌─┐┌─┐┌─┐┌─┐┌─┐┌─┐    ┌──┐
      │1││0││1││0││1││1││0││0│    │CY│
      └─┘└─┘└─┘└─┘└─┘└─┘└─┘└─┘    └──┘

      ┌─┐┌─┐┌─┐┌─┐┌─┐┌─┐┌─┐┌─┐    ┌─┐
      │1││1││0││1││0││1││1││0│    │0│
      └─┘└─┘└─┘└─┘└─┘└─┘└─┘└─┘    └─┘
 そのまま
 残る     B      ACH ──→ D6H
```

図 5.30 SRA 命令

〔8〕**A レジスタのみのローテートとシフト**　RLCA RLA RRCA RRA は，A レジスタを対象とする命令であり，それぞれつぎの場合と同じである（ただし，表 5.15 で示すようにマシン語は異なる）．

```
        RLCA   =   RLC A
        RLA    =   RL A
```

5.5 ローテート・シフト命令

表 5.15

RLCA	07
RLA	17
RRCA	0F
RRA	1F
RLD	ED 6F
RRD	ED 67

```
RRCA    =   RRC  A
RRA     =   RR   A
```

すなわち，空白をつけると，前節までに示した場合において，対象がAとしたときに対応するが，空白をつけなければ自動的にAレジスタが対象になる。

5.5.2　4ビット単位の回転

4ビット（16進数で1桁）を一度にシフトする特殊な回転命令がある。RLDおよびRRD命令の二種類があり，これらの命令は，Aレジスタの下位4ビットと，HLレジスタが示す番地の内容（HL）の上位4ビットと下位4ビットの間の回転となる。

〔1〕**RLD 命 令**　図 5.31 に示すように，Aレジスタの下位を(HL)の下位に移し，(HL)の下位を(HL)の上位に，(HL)の上位をAレジスタの下位にそれぞれ移す。このとき，Aレジスタの上位は変化しない。

特殊なシフト　4ビットで移動
図 5.31　RLD, RRD 命令

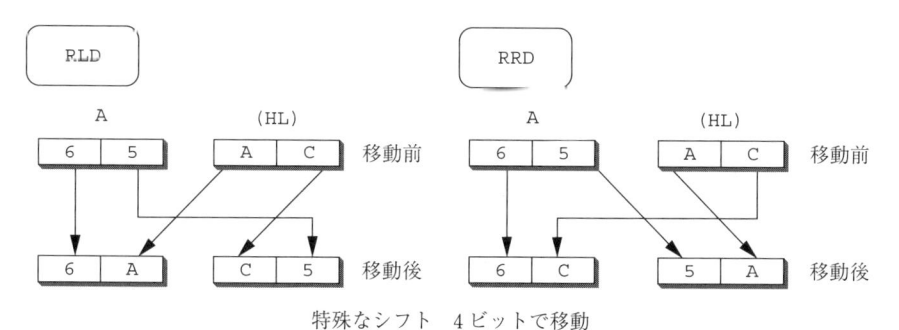

〔2〕 **RRD 命令**　　同様に図 5.31 に示すが，RLD 命令と逆に回転する。

5.6　ジャンプ命令とFレジスタ

5.6.1　ジャンプ命令

プログラムは，ORG 命令（4.6節を参照）で指定された番地から順に実行されていくが，繰り返し計算する場合などでは，実行番地を現在実行中のつぎの番地ではなく，別のところにジャンプさせることが必要になる。このとき用いられるのが**ジャンプ命令**である。ジャンプする番地は，ラベルをつけて示すが，そのラベルをつけた番地の指定には，絶対番地と相対番地の2種類がある。また，ジャンプする場合，無条件にジャンプするときと，ある条件を満たした場合だけジャンプするときがある。

〔1〕 **絶対番地と相対番地**　　図 5.32 は，LOOP というラベルがある場所（この図では，例として，1234H 番地とする。1234H 番地の内容は，ADD A, B マシン語 80 とする）にジャンプする場合を示している。これを，絶対番地で表現すると

　　JP LOOP

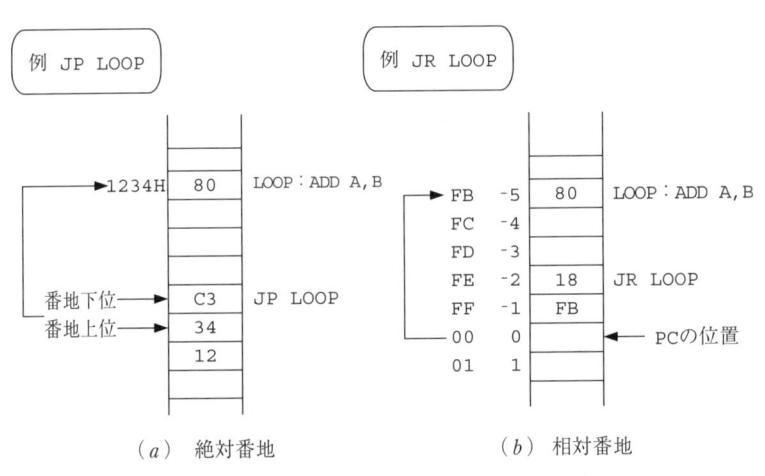

```
 例 JP LOOP                    例 JR LOOP

→1234H │ 80 │ LOOP:ADD A,B   →FB  -5 │ 80 │ LOOP:ADD A,B
       │    │                 FC  -4 │    │
       │    │                 FD  -3 │    │
       │    │                 FE  -2 │ 18 │ JR LOOP
 番地下位→│ C3 │ JP LOOP        FF  -1 │ FB │
 番地上位→│ 34 │                00   0 │    │ ←PCの位置
       │ 12 │                 01   1 │    │
       │    │                       │    │

     (a) 絶対番地                  (b) 相対番地
```

図 5.32　絶対番地と相対番地

5.6 ジャンプ命令とFレジスタ

となる。また、相対番地で表すと

　　　JR LOOP

となる〔Rは相対的（relative）の意味〕。これらの命令は、いずれも同じ動作となり、無条件に1234H番地へジャンプする。しかし、マシン語の内容は異なるので、詳しく説明する。

　まず、図のように、絶対番地では、C3というマシン語コードのつぎの2バイトに、ジャンプ先の番地が格納される。格納される番地は、絶対値（番地そのもの）なので、JP命令はどこに位置していても、実行されれば、必ず1234H番地に移動する。注意点としては、その格納の順序が、番地の下位1バイトが先で、つぎに上位1バイトの順になる。つまり、34 12 の順になる。**表5.16**で表すように、ジャンプ先の番地がn n'の場合、マシン語はC3 n' n となる。

表 5.16

cc	無条件	NZ	Z	NC	C
JP cc,nn'	C3 n'n	C2 n'n	CA n'n	D2 n'n	DA n'n
JR cc,e	18 e-2	20 e-2	28 e-2	30 e-2	38 e-2

表（つづき）

	PO	PE	P	M
JP cc,nn'	E2 n'n	EA n'n	F2 n'n	FA n'n

　つぎに、相対番地では、18というマシン語コードのつぎの1バイトに、ジャンプ先の番地までの、相対値（間隔の値）が入る。つまり、JR命令は、この命令がある番地によりジャンプ先は変化する。図のように、LOOPの場所に戻るには、何番地戻るかを調べなくてはならない。JR命令（2バイト命令）が実行された後、プログラムの実行位置（PCの内容）は、マシンコード18が格納された位置から二つ先の番地へ移動しているので、この番地からどれくらい戻るかが必要な値になる。図を例にとると5番地戻ることになる。つまり、相対値は-5となる。8ビット型のデータでは、-5はFBHと表現されるので、マシン語は18 FB となる。表の中でe-2は、JRの位置からLOOPまでの戻り

が-3（eと書く）であり，さらに-2必要なので，18 e-2 と表現されている。このe-2が-5（FBH）となる。JP命令は3バイト命令で，JR命令は2バイト命令であることがわかる。

〔2〕**条件付ジャンプ**　JPまたはJRとラベルの間に，ジャンプするための条件を書くことができる（なにも書かれていないときは，無条件ジャンプ）。この条件を満たす場合だけジャンプ命令が実行され，満たされなければ無視される。

条件の種類は，表5.16に表すように，絶対番地では8種類，相対番地では4種類ある。条件の意味については，つぎのFレジスタの説明においてまとめて示す。

命令の書き方は，図5.33に示すように，例として条件NZ（ノンゼロ）を示すと，つぎのようになる。

　　　JP NZ, LOOP

一般に条件は，ジャンプ命令の直前に実行された演算などに関係する。NZは，直前の計算がゼロでないとき条件を満たす。マシン語はC2 n' n となる。

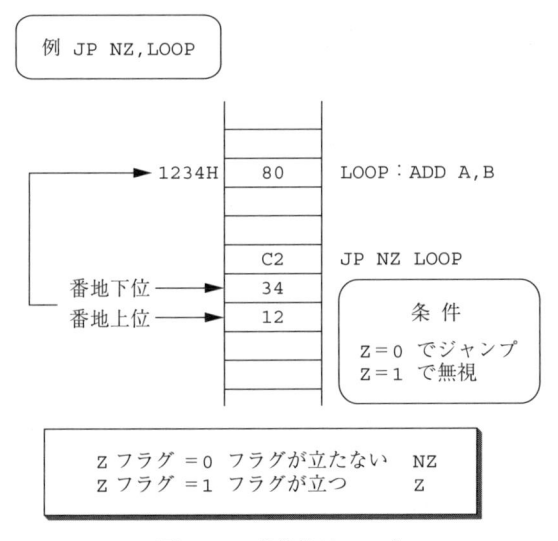

例 JP NZ,LOOP		
1234H	80	LOOP：ADD A,B
	C2	JP NZ LOOP
番地下位	34	条　件
番地上位	12	Z=0 でジャンプ Z=1 で無視

Zフラグ=0 フラグが立たない	NZ
Zフラグ=1 フラグが立つ	Z

図 5.33　条件付ジャンプ

〔3〕 **特殊な無条件ジャンプ** 表5.17に示すように，無条件ジャンプのみの命令として，HLが示す番地(HL)や(IX)，(IY)にジャンプする命令がある。

表 5.17

JP (HL)	E9
JP (IX)	DD E9
JP (IY)	FD E9

なお，8ビット型データ（10進数の-128～127）2進数表現は表5.18のようになる。この表からマイナスの数値の最上位ビットが1になることがわかる。

表 5.18 8ビットの2進数表現

-128	1000 0000	80H				
-127	1000 0001	81H		127	0111 1111	7FH
	------			126	0111 1110	7EH
	------				------	
-5	1111 1011	FBH		5	0000 0101	05H
-4	1111 1100	FCH		4	0000 0100	04H
-3	1111 1101	FDH		3	0000 0011	03H
-2	1111 1110	FEH		2	0000 0010	02H
-1	1111 1111	FFH		1	0000 0001	01H
0	0000 0000	00H				

5.6.2 F（フラグ flag）レジスタ

NZなどの条件の判断は，Fレジスタが関係する。Fレジスタは8ビットのレジスタであり，通常LD命令を用いてデータを転送することはできない。また，Fレジスタは，ほかのレジスタが全体で一つのデータを表すのに対して，1ビットごとに意味を持つ。その意味はジャンプ命令（つぎの節のCALL命令にも関係する）の条件の解読に使用される。

図5.34は，Fレジスタの内容を示したものである。未使用の2ビット（×印で表示）を除く6ビットのフラグが，ジャンプの条件を判断する。フラグとは旗の意味で，条件が満たされると，関係するビットが1になる（このことを

5. Z80 命令セット

| S | Z | × | H | × | P/V | N | CY |

- S　　サインフラグ
- Z　　ゼロフラグ
- H　　ハーフキャリーフラグ
- P/V　パリティ/オーバーフローフラグ
- N　　サブトラクトフラグ
- CY　キャリーフラグ

図 5.34　F レジスタ

フラグが立つという)。

一番左のサインフラグ (sign flag) S は，計算結果がマイナスで，答の最上位ビット (7 ビット) が 1 のとき立つ (マイナスの 2 進数は最上位ビットが 1 になるので，この最上位ビットの値を示す)。

つぎのゼロフラグ (zero flag) Z は，計算結果が 0 の場合立つ (演算の結果 A レジスタに 00H が転送されたときフラグが立つ)。

一番右のキャリーフラグ (carry flag) CY は，計算結果の桁あふれによりキャリー (または引かれる数値が大きくボロー) が生じた場合立つ。

ハーフキャリーフラグ (half carry flag) H は，CY フラグに似ているが，半分の下位 4 ビットの計算を行ったとき，上位 4 ビットに桁あふれがあるときに立つ。このフラグは，10 進補正の条件に用いられる。

パリティオーバーフローフラグ (parity/over-flow flag) P/V は，計算した結果の 1 のビットの合計が偶数のとき立つ。さらに，計算結果が，10 進数の 127 を超えたとき (これをオーバーフローと呼ぶ) にも立つ。

最後のサブトラクトフラグ (subtract flag) N は，減算命令が行われたときに立つ。減算命令とは，SUB, SBC, DEC r などである。加算と減算では 16 進数を 10 進数に補正するときの方法が異なるので，直前の演算が加算か減算かの判定に使用される。

図 5.35 に，これらのフラグに関係するジャンプの条件をまとめておく。NZ や Z は，直前の計算結果が 0 でないか，0 かを判断する。0 でなければ，ゼロフラグは立たず Z=0 となり，0 ならゼロフラグが立ち Z=1 となる。同様に，

ジャンプの条件		条件を満たす
ノンゼロ	NZ	Z=0
ゼロ	Z	Z=1
ノンキャリー	NC	CY=0
キャリー	C	CY=1
パリティオッド	PO	P/V=0
パリティイーブン	PE	P/V=1
プラス	P	S=0
マイナス	M	S=1

図 5.35 ジャンプ条件とフラグの関係

NC や C は，計算により桁あふれがないか，あるかを判断する。桁あふれがあればキャリーフラグが立ち CY=1 となる。

つぎに，絶対番地指定のときだけ関与する条件として，PO（parity odd）と PE（parity even）および P（plus）と M（minus）がある。PO と PE は，それぞれ，計算結果のビットの中の，1 の数の合計が奇数か偶数かを判断する。偶数の場合，パリティオーバーフラグが立ち P/V=1 となる。また，P と M は，計算結果がプラスかマイナスかを決定し，プラスなら S=0，マイナスならサインフラグが立ち S=1 となる。

5.6.3 特殊ジャンプ

Z80CPU において，初めてつけ加えられた命令に，DJNZ 命令がある。この命令は自動的に B レジスタの内容を -1 させ（DEC B と同じ）B=0 かを判断して，もし，D が 0 でないならジャンプするという複合的な動作をする。

図 5.36 に示すように，戻る番地のラベルを LOOP とすると

    DJNZ LOOP

となる。番地の指定は相対番地なので，マシン語コード 10 のあとの 1 バイトに戻る間隔を指定する。指定の方法は，前述したように，もし PC の位置から 5 番地戻るなら FB（-5）を書く。つまり，対応する DJNZ は 10 e-2 になり，具体的には，10FB となる。

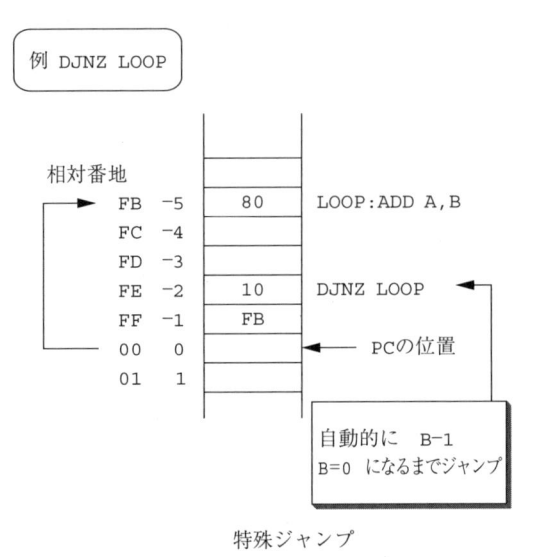

```
       例 DJNZ LOOP

相対番地
    FB -5    80      LOOP:ADD A,B
    FC -4
    FD -3
    FE -2    10      DJNZ LOOP
    FF -1    FB
    00  0            ← PCの位置
    01  1

                     自動的に B-1
                     B=0 になるまでジャンプ

           特殊ジャンプ
```

図 5.36 DJNZ 命令

5.7 サブルーチン命令

5.7.1 サブルーチン関係命令

プログラムにおいて，同じ命令群が何度も使用されるとき，その命令群を何度も書くと使用メモリが大きくなる。また，一つの動作をする命令群が，ある役目を持ち，ほかのプログラムにおいて流用できる場合もある。こうした場合，その命令群に名前をつけ，必要なとき呼び出すことができると便利である。このときの命令群をサブルーチン（sub-routine）と呼び，本体のプログラム（main-routine）とは別にしておくとプログラムが見やすく，後でもっと良いプログラムにしやすい。

〔1〕 **時間稼ぎプログラムのサブルーチン** 例えば，LED（発光ダイオード）を光らせるプログラムなどでは，あまり，早くデータを送っても，光の点滅が早すぎて人間の目には見えないことがある。このとき，プログラム的になにもしない状態をつくり，時間稼ぎする必要がある。この時間稼ぎのルーチン

5.7 サブルーチン命令

は，頻繁に使われるので，あらかじめサブルーチン化しておくと便利になる。
図 5.37は，時間稼ぎのルーチンに TIMER という名前をつけ，その呼出しの方法を示したものである。TIMER サブルーチンが格納されている番地を，仮に 1234H とする。TIMER の一例はつぎのようになる。

```
TIMER:  LD D,FFH      1234H   16 FF
LOOP1:  LD E,FFH      1236H   1E FF
LOOP2:  DEC E         1238H   1D
        JP NZ,LOOP2   1239H   C2 38 12
        DEC D         123CH   15
        JP NZ,LOOP1   123DH   C2 36 12
        RET           1240H   C9
```

例 CALL TIMER

① CD / 34 / 12 / 1000H CALL TIMER → 1234H TIMER サブルーチン RET C9

② CD / 34 / 12 / 2000H CALL TIMER

LD SP,0000H
SPを8800Hに設定した場合

	①のCALL	戻る番地の	②のCALL
87FEH	00	番地下位	00
87FFH	10	番地上位	20
8800H		SPの位置	

スタック領域

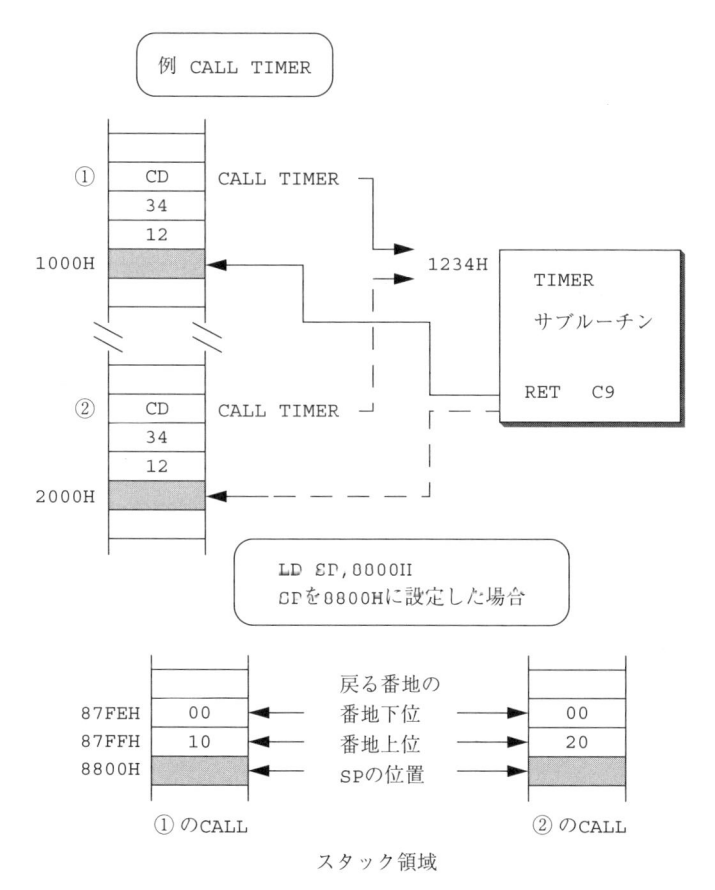

図 5.37 TIMER の呼出しとスタック領域の内容

この例では，JP命令を2回用いた二重ループになっている。DおよびEレジスタに転送するFFHとFFHの数値を小さくすると時間が短くなる。

TIMERサブルーチンの呼出しは，つぎのようにすればよい。

CALL TIMER

CALL命令のマシン語コードは，**表5.19**のようにCDであり，つぎの2バイトに絶対番地を指定する。指定するとき，前述のように，先に下位1バイトが入り，つぎに上位1バイトが入るので，全体のマシン語は，CD 34 12 となる。ただし，ジャンプ命令と異なるのは，プログラムの実行がサブルーチンに移動した後，終了時に呼び出した場所に戻る必要があることである。

表 5.19

(a)

cc	無条件	NZ	Z	NC	C	PO	PE	P	M
CALL cc, nn'	CD n'n	C4 n'n	CC n'n	D4 n'n	DC n'n	E4 n'n	EC n'n	F4 n'n	FC n'n

(b)

cc	無条件	NZ	Z	NC	C	PO	PE	P	M
RET cc	C9	C0	C8	D0	D8	E0	E8	F0	F8

サブルーチンの最後には必ずRET命令が必要であり，RET（表よりマシン語はC9）により呼び出した番地のつぎの番地（図5.37では1000H番地）に戻り，メインルーチンに再び戻ることになる（ジャンプ命令では戻る必要がない）。

しかし，サブルーチンの呼出しは，いろいろな箇所で行われる。図5.37のように，①で呼び出せば，RETで戻る番地は1000Hであるが，②の位置での呼出しでは，2000H番地に戻る必要がある。SP（スタックポインタ）は，この戻る番地を記憶しておくためのメモリの番地となる。SPで指定されるメモリの位置をスタック領域と呼ぶ。

なお，CALLやRETにも条件が付けられる。条件の意味はジャンプ命令と同じである。指定の方法は，NZを例にとると，それぞれつぎのようになる。

CALL NZ, TIMER

```
        RET NZ, TIMER
```

〔2〕 **スタック領域**　SPの値を指定するには，LD命令を用いる。この値は，プログラムが格納される場所と重複してはいけないので，メモリの大きい番地が良い。

図5.37では，この値を8800Hとした例を示す。指定の方法はつぎのようになる。

```
        LD SP, 8800H
```

サブルーチンを使用するときや，つぎに説明するPUSH, POP命令では必ず必要なので，プログラムのはじめに必ず書いておく。

図5.37のように，サブルーチンの呼出しが①の場合は，戻り番地が1000Hなので，SPで指定した8800Hの前の2バイトに1000Hが記憶される。記憶の方法は，絶対番地指定と同様に下位と上位が入れ替わる。このように必要な番地がメモリに積み上げ（stack）られるので，スタックの位置（pointer）と呼ばれる。実行中にRET命令があると，この記憶されたデータがPC（プログラムカウンタ）に戻される。②の呼出しでは，ここに2000Hが記憶される。これらの一連の動作は，CALL命令，RET命令が自動的に行うので，プログラマがプログラミングする必要はない。

5.7.2　PUSH, POP命令

もし，すべてのレジスタに，保存しておきたいデータが入っているとする。このとき，さらに別の計算を行うことが生じた場合，演算命令を実行すると，レジスタの内容が変化してしまうことになる。必要なレジスタの内容を一時保管したいとき，保管場所にスタック領域を用いると簡単に行える。スタック領域はメモリの一部であり，このとき用いるPUSH, POP命令は，ペアレジスタなど16ビットレジスタの内容を一度にスタック領域に移動することができる。対象となるレジスタはAF, BC, DE, HL, IX, IYであり，LD命令では扱えなかったFレジスタも移動の対象になっている。マシン語コードを**表5.20**に示す。

表 5.20

rr	AF	BC	DE	HL	IX	IY
PUSH rr	F5	C5	D5	E5	DD E5	FD E5
POP rr	F1	C1	D1	E1	DD E1	FD E1

〔*1*〕 **PUSH 命令**　　PUSH 命令は，対象となるレジスタの内容をスタック領域に記憶させる（押し出す）命令である。図 *5.38* は，SP に 8800H を指定したあと，つぎの二つの命令を実行した場合を示す。

　　　PUSH BC　①

　　　PUSH HL　②

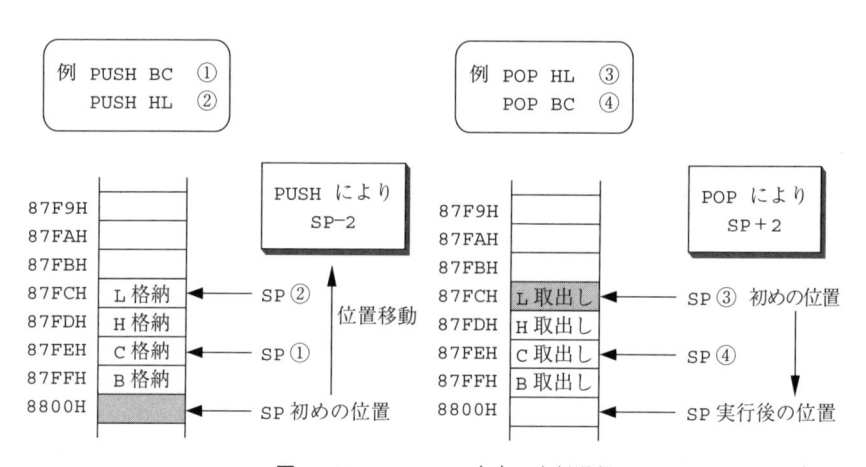

図 *5.38*　PUSH, POP 命令の実行過程

①の命令により，BC レジスタの内容が一度に記憶されるが，記憶の順番は，8800H 番地より一つ若い番地 87FFH に B の内容が格納され，87FEH に C の内容が記憶される。このとき，同時に SP の値も -2 され，SP=87FE となる。

つぎに，②の命令が実行されると，現在の SP の値 -1 である 87FDH に H が格納され，87FCH に L が格納される。実行後の SP は，-2 され SP=87FCH となる（もし，さらに，PUSH 命令が続くと，つぎの指定レジスタの内容は，87FBH, 87FAH に格納されることになる）。

このように，PUSH 命令が実行されると，現在の SP の値の一つ前および二

つ前の番地にレジスタの内容が保管され，同時に SP-2 となり，つぎにくる命令を待つことになる．

〔2〕**POP 命令** POP 命令は，対象となるレジスタにスタック領域に記憶されている内容を戻す（取り出す）命令である．

図 5.38 のように，①，② の命令が実行された後（SP=87FCH），つぎの二つの命令を実行してみる．

　　　POP HL　③
　　　POP BC　④

③ の命令により，現在の SP の値である 87FCH の内容が L に戻り，87FDH の内容が H に戻る．

したがって，もし，ここで，POP HL のかわりに POP BC とすると，PUSH で記憶した HL の内容は，HL でなく BC に入ってしまうことになる．つまり，記憶したレジスタの内容を，元と同じレジスタに戻すには，最後に PUSH したレジスタから POP していかなくてはいけない．なお，実行後，SP-2 となり，SP=87FEH となる．

③ の命令を実行後，④ を行うと，同様に現在の SP の値と +1 番地の記憶内容が BC に戻され，同時に SP=8800H となる．

このように，POP 命令が実行されると，現在の SP の値および +1 番地の内容が指定されたレジスタに戻され，同時に SP+2 となり，つぎにくる命令を待つことになる．

5.8　ビット操作命令

ビット操作命令は，レジスタ内の 8 個のビットの 1 と 0 を自由に操作できる命令である．出力の 1 ビットに接続されたスイッチが押されたかどうかの判定などにおいては，その 1 ビットのデータだけが必要になる．このような場合にビット操作命令が利用される．**図 5.39** に示すように 3 種類の命令がある．

5. Z80 命令セット

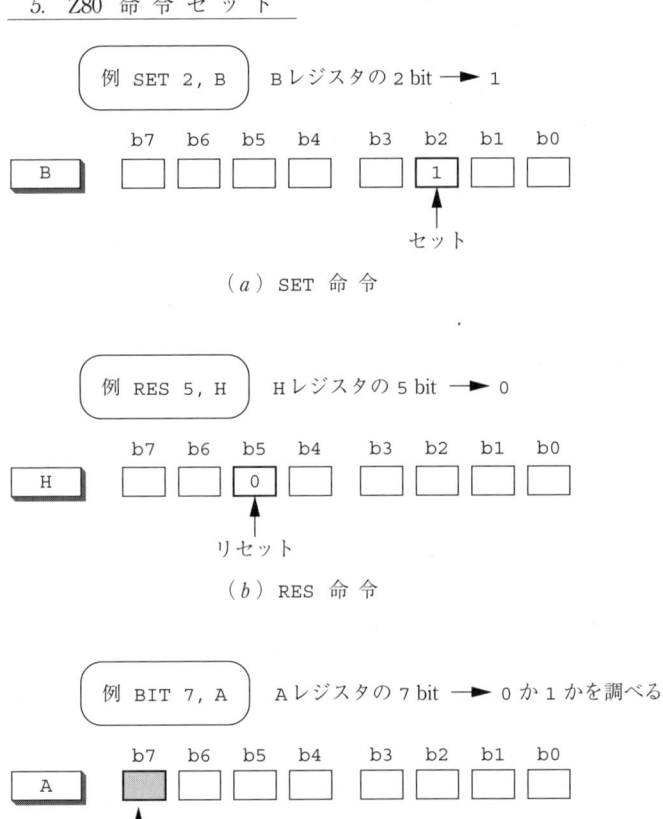

例 SET 2, B   Bレジスタの 2 bit ⟶ 1

B	b7	b6	b5	b4	b3	b2	b1	b0
						1		

↑ セット

(a) SET 命令

例 RES 5, H   Hレジスタの 5 bit ⟶ 0

H	b7	b6	b5	b4	b3	b2	b1	b0
			0					

↑ リセット

(b) RES 命令

例 BIT 7, A   Aレジスタの 7 bit ⟶ 0 か 1 かを調べる

A	b7	b6	b5	b4	b3	b2	b1	b0
	■							

もし 0 なら Z=1　Zフラグ が立つ
　　 1 なら Z=0

(c) BIT 命令

図 5.39　ビット操作命令

〔1〕 **SET 命 令**　　指定したレジスタの任意のビットを1にセットする命令である。図 5.39 のように，Bレジスタのビット 2（b2 は，1番右のビットが b0 なので，右から 3 番目のビットになる）を 1 にセットするには，つぎのようになる。

　　SET 2, B

表 5.21 から，マシン語は，CB D0 となる。

表 5.21

r	A	B	C	D	E	H	L	(HL)
SET 0,r	CB C7	CB C0	CB C1	CB C2	CB C3	CB C4	CB C5	CB C6
SET 1,r	CB CF	CB C8	CB C9	CB CA	CB CB	CB CC	CB CD	CB CE
SET 2,r	CB D7	CB D0	CB D1	CB D2	CB D3	CB D4	CB D5	CB D6
SET 3,r	CB DF	CB D8	CB D9	CB DA	CB DB	CB DC	CB DD	CB CE
SET 4,r	CB E7	CB E0	CB E1	CB E2	CB E3	CB E4	CB E5	CB E6
SET 5,r	CB EF	CB E8	CB E9	CB EA	CB EB	CB EC	CB ED	CD EE
SET 6,r	CB F7	CB F0	CB F1	CB F2	CB F3	CB F4	CB F5	CB F6
SET 7,r	CB FF	CB F8	CB F9	CB FA	CB FB	CB FC	CB FD	CB FE
RES 0,r	CB 87	CB 80	CB 81	CB 82	CB 83	CB 84	CB 85	CB 86
RES 1,r	CB 8F	CB 88	CB 89	CB 8A	CB 8B	CB 8C	CB 8D	CB 8E
RES 2,r	CB 97	CB 90	CB 91	CB 92	CB 93	CB 94	CB 95	CB 96
RES 3,r	CB 9F	CB 98	CB 99	CB 9A	CB 9B	CB 9C	CB 9D	CB 9E
RES 4,r	CB A7	CB A0	CB A1	CB A2	CB A3	CB A4	CB A5	CB A6
RES 5,r	CB AF	CB A8	CB A9	CB AA	CB AB	CB AC	CB AD	CD AE
RES 6,r	CB B7	CB B0	CB B1	CB B2	CB B3	CB B4	CB B5	CB B6
RES 7,r	CB BF	CB B8	CB B9	CB BA	CB BB	CB BC	CB BD	CB BE
BIT 0,r	CB 47	CB 40	CB 41	CB 42	CB 43	CB 44	CB 45	CB 46
BIT 1,r	CB 4F	CB 48	CB 49	CB 4A	CB 4B	CB 4C	CB 4D	CB 4E
BIT 2,r	CB 57	CB 50	CB 51	CB 52	CB 53	CB 54	CB 55	CB 56
BIT 3,r	CB 5F	CB 58	CB 59	CB 5A	CB 5B	CB 5C	CB 5D	CB 5E
BIT 4,r	CB 67	CB 60	CB 61	CB 62	CB 63	CB 64	CB 65	CB 66
BIT 5,r	CB 6F	CB 68	CB 69	CB 6A	CB 6B	CB 6C	CB 6D	CD 6E
BIT 6,r	CB 77	CB 70	CB 71	CB 72	CB 73	CB 74	CB 75	CB 76
BIT 7,r	CB 7F	CB 78	CB 79	CB 7A	CB 7B	CB 7C	CB 7D	CB 7E

〔2〕 **RES命令** 指定したレジスタの任意のビットを0にリセットする命令である。図5.39のように，Hレジスタのビット5（b5は，右から6番目のビットになる）を0にリセットするには，つぎのようになる。

    RET 5, H

表5.21から，マシン語は，CB AC となる。

〔3〕 **BIT命令** 指定したレジスタの任意のビットが0か1かを調べる命令である。図5.39のように，Aレジスタのビット7（b7は，最上位ビットになる）が0か1かを調べるには，つぎのようになる。

    BIT 7, B

この場合，もし，b7が0ならZフラグが立つ（Z=1）。表5.21から，マシン語は，CB 7F となる。

5.9 入出力命令

入出力命令は基本的に，Z80-CPU のレジスタの内容を指定された I/O アドレスのポートに出力する OUT 命令と，その反対に，I/O アドレスのポートの内容をレジスタに取り込む IN 命令の 2 種類がある。

I/O アドレスは，通常のメモリのアドレス（2 バイト）の下位（1 バイト）からなり，16 進数 2 桁で表現される。したがって，このとき I/O アドレスの内容は 2 桁の 16 進数をかっこで囲めばよい。この場合，どちらも内容そのものは 1 バイト（8 ビット）である。メモリアドレスと比較すると，つぎのようになる。

| I/O アドレス | 01H | 内容 (01H) |
| メモリアドレス | 0001H | 内容 (0001H) |

使用可能なメモリアドレスが，実際のメモリ IC がどのように接続されているかにより異なるのと同様に，I/O アドレスは，I/O という入出力の IC が，CPU とどのように接続されているかにより変化する。また，I/O の種類によっても異なる。

5.9.1 レジスタから一つのデータ（1 バイト）を入出力する

〔1〕 **A レジスタと I/O ポート間の転送**　図 **5.40** に示すように，指定する I/O ポートアドレスを 01H とすると，ポートの内容 (01H) を A レジスタに取り込むには

```
    IN A, (01H)
```

となる。この表現法も LD 命令と同じように，第 1 オペランド←第 2 オペランドとなる。

また，反対に，A レジスタの内容を 01H のポートに出力するには

```
    OUT (01H), A
```

となる。**表 5.22** から，マシン語コードは，それぞれ DB 01, D3 01 となる。

5.9 入出力命令

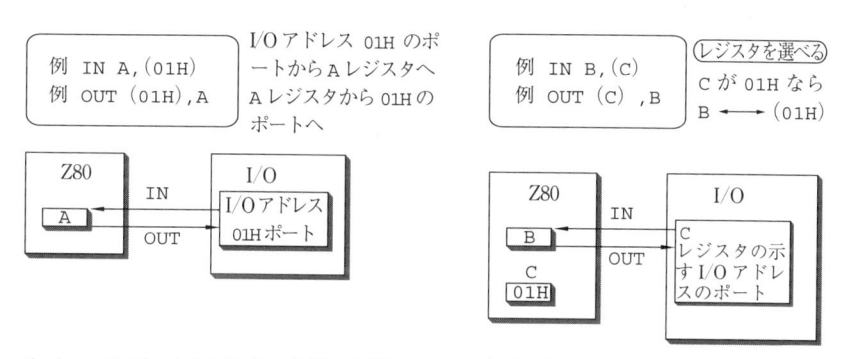

```
例 IN A,(01H)      I/Oアドレス 01H のポ
例 OUT (01H),A     ートからAレジスタへ
                   Aレジスタから01Hの
                   ポートへ
```

```
例 IN B,(C)        レジスタを選べる
例 OUT (C),B       Cが 01H なら
                   B ←→ (01H)
```

(a) AレジスタとI/Oポート間の転送

(b) 任意のレジスタ(8ビット)と I/Oポート間の転送

図 5.40 レジスタとポート間の入出力

表 5.22

IN A,(n)	DB n
OUT (n),A	D3 n

〔2〕 **任意のレジスタ（8ビット）とI/Oポート間の転送**　図 5.40 に示すように，指定するI/Oポートアドレス（例 01H）と任意の8ビット型レジスタとの間でデータを転送するには，指定する01HをいったんCレジスタに格納する必要がある。

したがって，**図 5.41** の例では，事前にLD命令により，Cレジスタに01Hを転送（LD C,01H）しなければならない。

転送後，例えば，(01H)（Cレジスタが示すI/Oアドレスの内容）をBレジスタに取り込むには，つぎのようになる。

　　IN B, (C)

また，反対に，Bの内容を (01H) に出力する場合は

　　OUT (C), B

となる。このとき，Z80CPUのレジスタは，〔1〕の場合と異なり，Aレジスタ以外でも使用可能になる。

同様に**表 5.23**から，マシン語は，それぞれ，ED 40, ED 41 となる。

70   5. Z80 命令セット

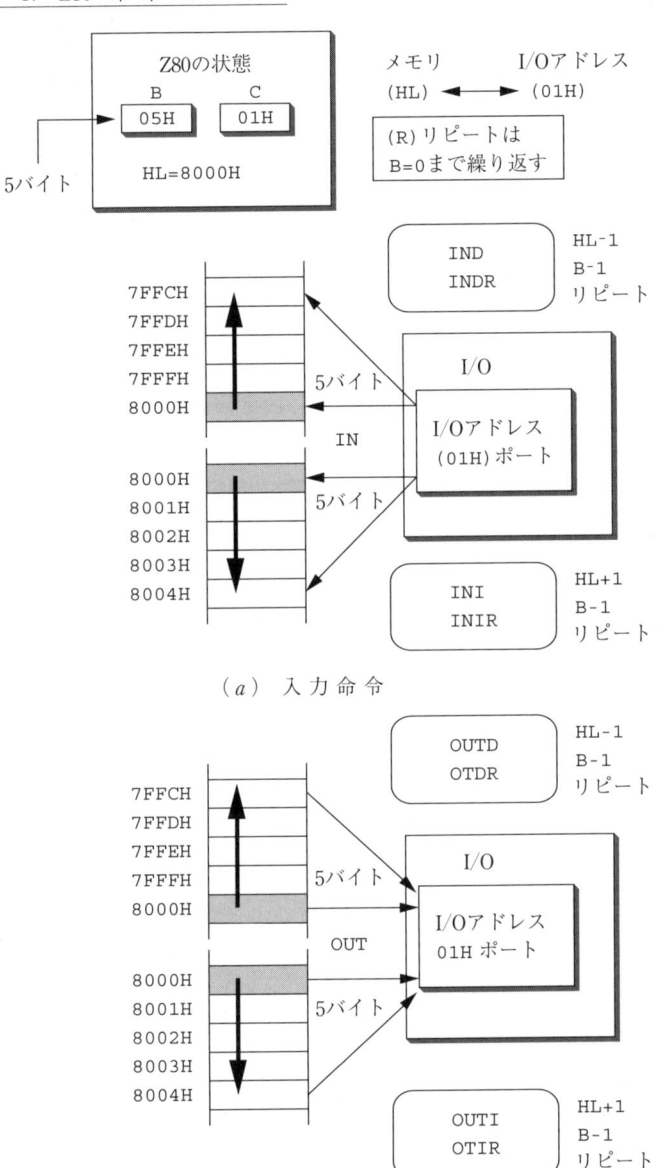

図 5.41 メモリとポートの入出力

(a) 入力命令

(b) 出力命令

表 5.23

r	A	B	C	D	E	H	L
IN r,(C)	ED 78	ED 40	ED 48	ED 50	ED 58	ED 60	ED 68
OUT (C),r	ED 79	ED 41	ED 49	ED 51	ED 59	ED 61	ED 69

5.9.2 メモリから二つ以上のデータを一度に入出力する

メモリに順番に格納されている多くのデータ（8ビット）を，一つの命令で一度に指定したI/Oポートアドレスとの間で入出力することができる。この命令は5.10節のブロック関係命令に共通する部分があり，教科書によっては，ブロック命令として分類している場合もあるが，ここでは，入出力命令として取り扱うことにする。

これらの命令を使用する前に，あらかじめ，つぎの1），2），3）の設定を行うことが必要になる。図5.41に示すように，例として，8000H番地から5バイト分のデータを（01H）ポートに順次入出力する場合，その設定は，つぎのようになる。

1) 入出力するメモリの先頭アドレスを，HLレジスタに書き込む。
    LD HL, 8000H
2) メモリの入出力するバイト数を，Bレジスタに書き込む。
    LD B, 05H
3) 指定ポートのアドレスを，Cレジスタに書き込む。
    LD C, 01H

〔1〕**入力命令** Cレジスタの内容が示すポートから，先頭アドレス8000H（HLレジスタに指定）より，5バイト分（Bレジスタに指定）に順次データを入力する。このとき，後の5バイト分（8000H～7FFCH）か，または，先の5バイト分（8000H～8004H）のどちらに入力するかにより命令が異なる。図5.41に示すように，まず，後の5バイトの場合は，つぎのようになる。

　　　INDR

Dはデクリメント（減らす）であり，Rはリピート（繰返し）の意味である。この命令では，1バイトのデータをポートからメモリに入力するごとにHL-1

（HLレジスタの内容を-1）し，B-1（Bレジスタの内容を-1）する。その後，同様に入力動作を行い，B=0（Bレジスタの内容が0）になるまでこれを繰り返す。表5.24より，マシン語はED BAとなる。

表 5.24

IND	ED AA	OUTD	ED AB
INDR	ED BA	OTDR	ED BB
INI	ED A2	OUTI	ED A3
INIR	ED B2	OTIR	ED B3

Rが付かないIND命令の場合は，指定ポートから，HLで指定された8000H番地にだけ1回データを入力し，その後，HL-1，B-1を行い終了する。

つぎに，先の5バイトの場合は，つぎのようになる。

　　　INIR

Iはインクリメント（増やす）の意味である。この場合は，1バイトのデータをポートからメモリに入力するごとにHL+1，B-1して，入力していき，B=0になるまで繰り返す。マシン語は，ED B2となる。

同様にRが付かないINI命令は，指定番地に1回だけデータを入力し，HL+1，B-1する。

〔2〕 **出力命令**　先頭アドレス8000H（HLレジスタに指定）より，5バイト分（Bレジスタに指定）のデータをCレジスタの内容が示すポートに順次出力する。このとき，後の5バイト分（8000H～7FFCH）か，または，先の5バイト分（8000H～8004H）のどちらを出力するかにより命令が異なる。

まず，後の5バイトの場合は，つぎのようになる。

　　　OTDR　（OUTDRではないので注意）

Dがデクリメント（減らす）であり，Rがリピート（繰返し）の意味なのは入力命令と同じであるが，Uを書かないので注意する。この命令では，1バイトのデータをメモリからポートに出力するごとにHL-1し，B-1する。そして，B=0になるまでこれを繰り返す。表5.24より，マシン語はED BBとなる。

Rが付かないOUTD命令の場合は，HLで指定された8000H番地の内容を指

5.9 入出力命令

定ポートにだけ1回データを出力し，その後，HL-1, B-1 を行う．

つぎに，先の5バイトの場合は以下のようになる．

   OTIR　（OUTIR ではないので注意）

I はインクリメント意味であり，同様に U は省略する．この場合は，1バイトのデータをメモリからポートに出力するごとに HL+1, B-1 して，B=0 になるまで繰り返す．マシン語は，ED B3 となる．

同様に R が付かない OUTI 命令は，指定番地に1回だけデータを入力し，HL+1, B-1 して終了する．

しかし，このような I/O アドレス数は，メモリアドレスのように多くなく，せいぜい数個しかない．例えば，8255A という IC の場合，(00H), (01H), (02H), (03H) の4種類である．この場合，順に A ポート，B ポート，C ポート，cw (control word) という名前が付けられている（A, B, C ポートと A, B, C レジスタはまったく別のものである）．図 5.25 に示すように，8255A 側のアドレス線は2本（A0, A1）しかない（つまり，2ビットなので，00, 01, 10, 11 の4種類となる）．しかし，I/O アドレスは8本の線から成り立つので，残りの6本の線（A2 ～ A7）の接続によっては，ABC の各ポートと cw の表現が異なる場合もある．上述の表現は，A2 ～ A7 までがすべて0を仮定している．

I/O の種類が異なると，このポートの個数が異なるが，cw は必ず存在する．ポートは，マイコン回路と外部の回路を接続する接点であり，このポートに，スイッチや表示装置（LED など），またはロボットなどを接続することができる．つまり，レジスタの内容が，接続されたロボットに出力され，その動きを制御するのは，OUT 命令が行い，また接続されたスイッチの状態を知るには，IN 命令が必要になる．一方，cw は，レジスタとポートの接続を入力（ポート→レジスタ）にするか，または出力（レジスタ→ポート）にするかを決めるための8ビットのデータを格納する場所である．この場合，出力に設定されたポートに，IN 命令を使用することはできない（その反対も同様）．

cw の8ビットの内容は，8255A の場合，図 **5.42** に示すように，各ポートの入出力を 0, 1 で設定する．例えば，すべてのポートを出力に使用するときは

74   5. Z80 命令セット

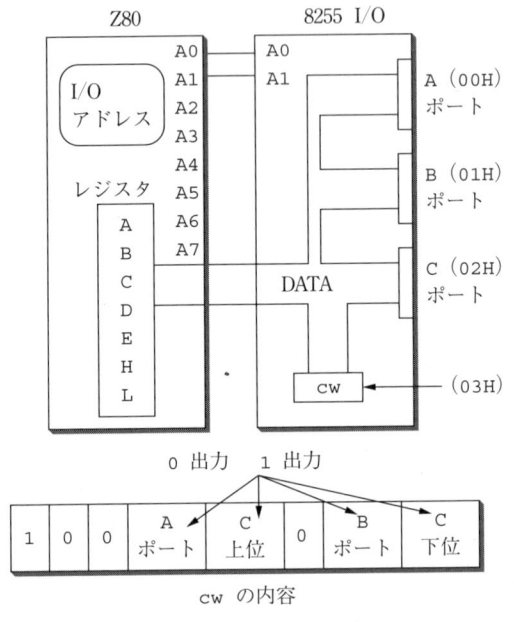

図 5.42 I/O 8255 ポートと cw

  cw = 1000 0000　　　80H

のようになるので，cw に 80H を送ればよい。具体的命令はつぎのようにする。

  LD A, 80H

  OUT (03H), A

5.10　ブロック関係命令

 5.9 節で一部示したように，一つの命令でいくつかの動作を行い，それを繰り返す命令を**ブロック命令**という。これらの命令を使用する前に，5.9 節でも説明したように，あらかじめ，いくつかの設定が必要になる。

 〔1〕**ブロック転送命令**†　　メモリの指定した領域（ブロック）のデータを別の指定した領域に転送する。図 5.43 に示すように，メモリの 1000H 番地から 5 バイト分の内容を，メモリの 2000H 番地から 5 バイト分に転送する

5.10 ブロック関係命令   75

```
Z80の状態
HL=1000H
DE=2000H
BC=0005H
```

メモリ
(HL) ──→ (DE)

(R) リピートは
BC=0まで繰り返す

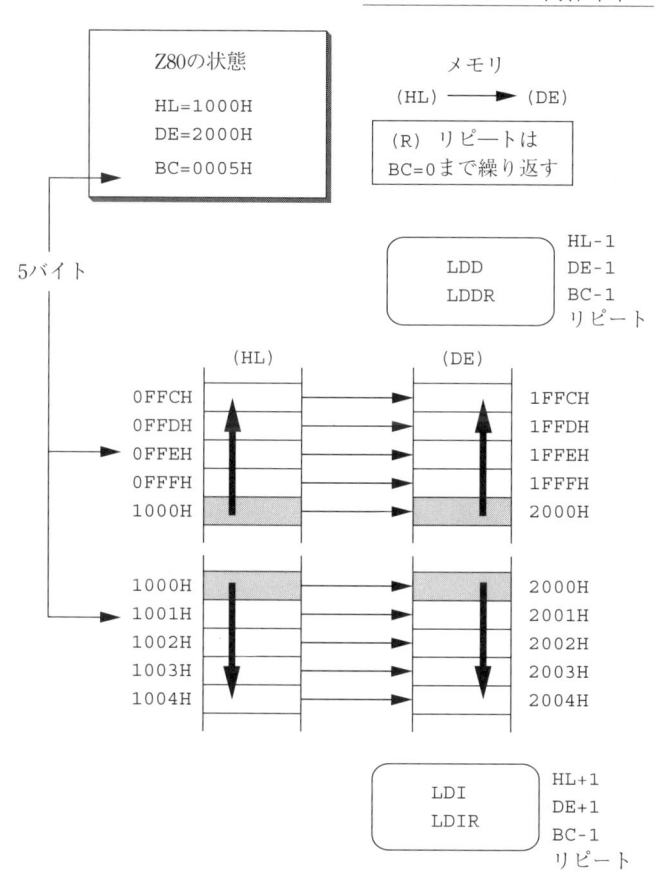

```
LDD
LDDR
```
HL-1
DE-1
BC-1
リピート

5バイト

(HL)   (DE)
0FFCH   1FFCH
0FFDH   1FFDH
0FFEH   1FFEH
0FFFH   1FFFH
1000H   2000H

1000H   2000H
1001H   2001H
1002H   2002H
1003H   2003H
1004H   2004H

```
LDI
LDIR
```
HL+1
DE+1
BC-1
リピート

図 5.43　ブロック転送命令

場合，5.2節のLD命令を用いて行うこともできるが，ブロック転送命令を使用すると，より簡単に行うことができる．特に，転送するバイト数が多い場合，有効である．

　ブロック転送命令を使用する前に，つぎの1）～ 3）の設定を行うことが必要になる．図に示すように，例として，1000H番地から5バイト分のデー

---

† (前ページの注) この例では，転送するバイト数が5であり少ないので問題ないが，多くのデータを転送するとき，転送先の番地が接近していると，転送元のブロックと転送先のブロックに一部重なりが生じて，データの一部が正しく転送されなくなることがある．

タを 2000H 番地から 5 バイト分のメモリ領域に転送する場合，その設定はつぎのようになる．

1) 転送元のメモリの先頭アドレスを，HL レジスタに書き込む．

   LD HL, 1000H

2) 転送先のメモリの先頭アドレスを，DE レジスタに書き込む．

   LD DE, 2000H

3) 転送するバイト数を，BC レジスタに書き込む．

   LD BC, 0005H

先頭アドレス 1000H（HL レジスタに指定）より，5 バイト分（BC レジスタに指定）のデータを先頭アドレス 2000H（DE レジスタに指定）から 5 バイト分に，順番をくずさずに順次転送する．このとき，後の 5 バイト分（1000H 〜 0FFCH）か，または，先の 5 バイト分（1000H 〜 1004H）のどちらを転送するかにより命令が異なる．

まず，後の 5 バイトの場合は，つぎのようになる．

   LDDR

D はデクリメント（減らす）であり，R はリピート（繰返し）の意味である．この命令では，1 バイトのデータをメモリからメモリ〔初めは，(1000H) → (2000H)〕に転送するごとに，HL-1（HL レジスタの内容を -1），DE-1（DE レジスタの内容を -1）して，さらに，BC-1（BC レジスタの内容を -1）する．また，同様にデータを転送し，同じレジスタ操作をして，BC=0（BC レジスタの内容が 0）になるまでこれを繰り返す．BC が 0 にならないうちは P/V =1 であるが，BC の内容が 0 になると，P/V フラグが 0 になる．しかし，このとき BC=0 になっても，Z フラグは 1 にならない．**表 5.25** より，マシン語は ED B8 となる．

表 5.25

LDD	ED A8	CPD	ED A9
LDDR	ED B8	CPDR	ED B9
LDI	ED A0	CPI	ED A1
LDIR	ED B0	CPIR	ED B1

5.10 ブロック関係命令

Rが付かないLDD命令の場合は，初期値の1000H番地から2000H番地に1回データを転送し，その後，HL-1，DE-1，BC-1を行い終了する。

つぎに，先の5バイトの場合は，つぎのようになる。

  LDIR

Iはインクリメント（増やす）の意味である。この場合は，1バイトのデータをメモリからメモリに転送するごとにHL+1，DE+1，BC-1して，転送を順次行い，BC=0になるまで繰り返す。マシン語は，ED B0 である。

同様にRが付かないLDI命令は，指定番地のメモリからメモリに1回だけデータを転送し，HL+1，DE+1，BC-1する。

〔2〕 **ブロック比較命令**　メモリの指定した領域（ブロック）のデータとAレジスタの内容を順次比較していく命令である。この場合，比較する領域に一致するデータを見つけると，その時点で比較命令は終了する。もし，一致するデータがなければ，指定されたバイト数すべてを最後まで比較し続ける。

図5.44に示すように，メモリの1000H番地から5バイト分の内容を，順次Aレジスタの内容と比較する場合，この命令が適切である。5.4節のCP（コンペア）命令でも行えるが，プログラムが複雑になる。

ブロック比較命令を使用する前に，つぎの1），2）の設定を行うことが必要になる。図に示すように，例として，1000H番地から5バイト分のデータをAレジスタの内容と比較するとき，その設定は，つぎのようになる。

1） 比較するメモリの先頭アドレスを，HLレジスタに書き込む。
  LD LH, 1000H

2） 比較するバイト数を，BCレジスタに書き込む。
  LD BC, 0005H

比較する先頭アドレス1000H（HLレジスタに指定）より，5バイト分（BCレジスタに指定）のデータを，順次Aレジスタの内容と比較するとき，1000Hより，後の5バイト分（1000H～0FFCH）か，または，先の5バイト分（1000H～1004H）のどちらと，順次比較していくかにより命令が異なる。

まず，後の5バイトの場合は，つぎのようになる。

78   5. Z80 命令セット

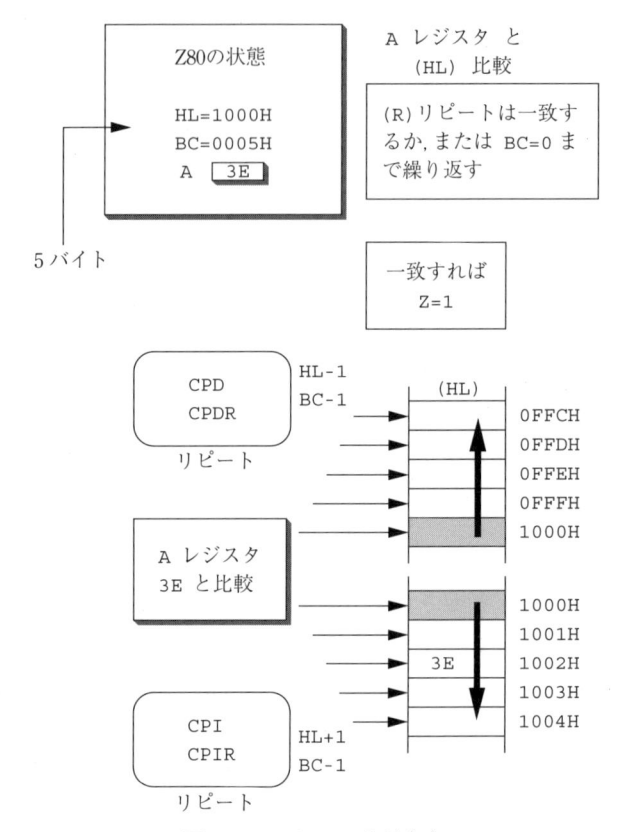

図 5.44 ブロック比較命令

CPDR

　この命令では，1バイトのデータ〔初めは，(1000H)〕を，Aレジスタの内容（図の場合，例として，3Eとする）と比較した後，HL-1（HLレジスタの内容を-1），BC-1（BCレジスタの内容を-1）する。また，同様に(1001H)とデータを比較し，同じレジスタ操作をして，BC=0（BCレジスタの内容が0）になるまでこれを繰り返す。この例では，Aレジスタの内容である3Eが，1000H～0FFCH番地にないので，最後まで比較して終了するが，一致しなかったのでZフラグは，Z=0のままである。比較終了後P/Vフラグは1になる。表5.25より，マシン語はED B9となる。

Rが付かないCPD命令の場合は，初期値の1000H番地のみ1回だけAレジスタとデータを比較し，その後，HL-1,BC-1を行い終了する。

また，先の5バイトの場合は，つぎのようになる。

CPIR

この場合は，1バイトのデータ（はじめは，メモリの1000Hの内容）を，Aレジスタの内容3E比較するごとにHL+1,BC-1して，BC=0になるまで繰り返す。図の例では，3Eが1002H番地に存在していたので，(1002H)とAレジスタの比較を行ったとき，一致したので終了する。このとき，ゼロフラグが立ちZ=1になる。終了時点で，HL+1とBC-1は実行されるので，命令終了後，HL=1003H,BC=0002Hとなる。この場合，最後まで比較が行われなかったので，P/Vフラグは1のままである。マシン語は，ED B1である。

同様にRが付かないCPI命令は，指定番地のメモリとAレジスタの内容を1回だけ比較し，HL+1,BC-1する。

5.11　基本CPU制御命令

前節までに分類された命令以外で，有力な制御命令を説明する。なお，各命

表 5.26

DAA	27
CPL	2F
NEG	DD 44
CCF	3F
SCF	37
NOP	00
HALT	76

表 5.27

DI	F3
EI	FB
IM0	ED 46
IM1	ED 56
IM2	ED 5E
RETI	ED 40
RETN	ED 45

表 5.28

P	00	08	10	18	20	28	30	38
RST p	C7	CF	D7	DF	E7	EF	F7	FF

表 5.29

EX DE,HL	EB
EX AF,AF'	08
EX (SP),HL	E3
EX (SP),IX	DD E3
EX (SP),IY	FD E3
EXX	D9

令のマシン語は，表 *5.26* ～ *5.29* にまとめて示すことにする．

5.11.1 CPU 制御命令

図 *5.45* に示すように，つぎの〔*1*〕～〔*7*〕がある．

〔*1*〕 **DAA 命 令**　　加減算の結果を 10 進数に補正する．8 ビットの演算命令（ADD, ADC, SUB, SBC, INC, DEC, NEG）を行ったとき，答は，A レジスタに格納されるが，計算は 16 進数で行われる．例えば，23H+35H=58H の計算では，10 進数でも同じ 58 になるが，26H+38H=5EH では，10 進数の結果 64 にならない．このとき，DAA 命令を計算直後に実行すると，A レジスタの数値

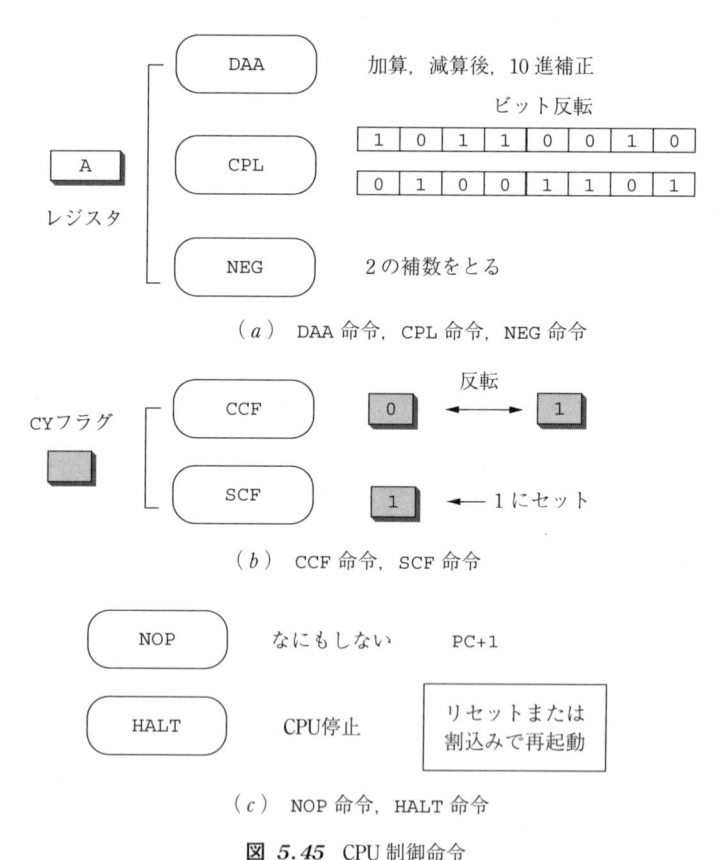

(*a*)　DAA 命令，CPL 命令，NEG 命令

(*b*)　CCF 命令，SCF 命令

(*c*)　NOP 命令，HALT 命令

図 *5.45*　CPU 制御命令

を10進数で計算した結果，64に直すことができる。これを10進補正という。

〔2〕 **CPL命令**　Aレジスタの内容についてビット反転する。ビット反転した値は，反転前の値の1の補数と呼ぶ。

図5.45のように，Aレジスタに，B2H(1011 0010)が格納されていると，CPL命令実行後，Aの内容は，ビット反転($0 \rightarrow 1$，$1 \rightarrow 0$)され，4CH(0100 1101)となる。

〔3〕 **NEG命令**　Aレジスタの内容である2の補数をとる。2の補数のつくり方は，ビット反転した値（1の補数）に1を加えればよい。例えば，Aの内容が03H(0000 0011)の場合，この値の2の補数は，まず，ビット反転すると，FC(1111 1100)となり，さらに+1して，FD(1111 1101)となる。FDについては，5.6節で説明したジャンプ命令の相対番地指定で，-3を意味することからわかるように，符号が反対の数値となる。

このとき，03H+FDH(3+(-3))は，0001 0011B+1111 1101B=1 0000 0000Bであるが，8ビットデータなので，結果は00Hとなることがわかる（結果における桁あふれの1は，キャリーフラグCYに入る。8ビット型データにおいて，FDHのように，最上位ビットが1である数値は，10進数のマイナスの値を意味する）。

〔4〕 **CCF命令**　キャリーフラグCYの値（1バイト）のビット反転を行う。図5.45のようにCY=0なら，実行後，CY=1となり，CY=1ならCY=0となる。

〔5〕 **SCF命令**　キャリーフラグCYの値をセット（CY=1）にする。

〔6〕 **NOP命令**　なにもしない命令である。実行後はPC+1となる。あとで，アセンブラプログラムに追加したい命令があるとき，とりあえずNOP命令を書いておき，追加のスペースを確保するのに有効であるが，時間稼ぎにはならない。

〔7〕 **HALT命令**　CPUの停止命令である。つぎの割込みが来るか，またはリセットにより再起動する。停止中はNOPを実行しているが，PCはそのままである。

5.11.2 割込み関係命令

割込みについては，Ⅱ部11章で詳しく説明するが，つぎのような命令がある。割込みとは，現在実行中のプログラムを停止して，指定された番地に書かれている割込みプログラムを実行することを意味する。

〔1〕 **割込み許可（不許可）DI （許可）EI** 図 5.46のように，IFFというフラグを0または1にする。EI命令を書かないと割込みができない。

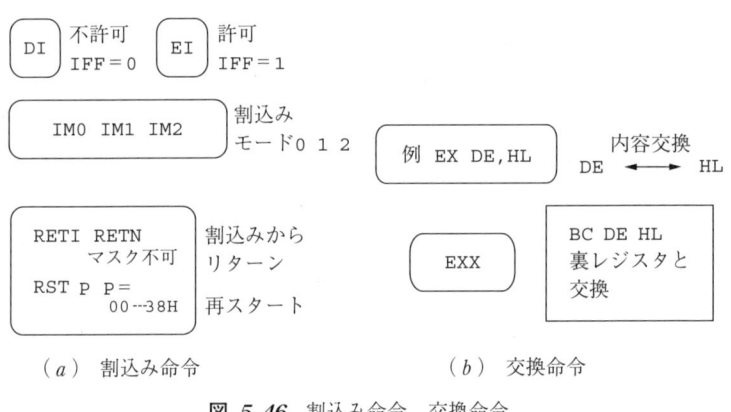

```
┌─────────┐  不許可      ┌─────┐ 許可
│   DI    │  IFF=0      │ EI  │ IFF=1
└─────────┘              └─────┘

┌─────────────┐ 割込み
│ IM0 IM1 IM2 │ モード 0 1 2       ┌──────────────┐            内容交換
└─────────────┘                    │ 例 EX DE,HL  │         DE ←→ HL
                                    └──────────────┘

┌──────────────┐                                        ┌──────┐  BC DE HL
│ RETI RETN    │ 割込みから                              │ EXX  │  裏レジスタと
│   マスク不可 │ リターン                                └──────┘  交換
│ RST P  P=    │ 再スタート
│     00～38H  │
└──────────────┘

    (a) 割込み命令                                (b) 交換命令
```

図 **5.46** 割込み命令，交換命令

〔2〕 **割込みモード 1, 2, 3 IM0, IM1, IM2** 割込みを実行するには，Z80 CPUの割込み端子，INTまたはNMIをLにすればよいが，そのとき，どの番地の割込みを実行したいかにより，3種類のモードに別れる（NMI端子をLにすると，最上級の割込みなので，モードに関係なく，プログラムの実行は，0066H番地に移動する。したがって，モード設定が意味を持つのは，INT端子をLにした場合である）。

IM0 モード0は，RST命令により指定された8種類の番地に移動できる。具体的には

  RST 00, RST 08, RST 10, RST 18, RST 20, RST 28, RST 30, RST 38

の8種類指定でき，それぞれ

  0000H, 0008H, 0010H, 0018H, 0020H, 0028H, 0030H, 0038H

番地に実行が移動できる。

IM1 モード1は，無条件に0038H番地に移動する。

IM2 モード2は，指定の番地を自由に設定できる場合である。詳細は11章に示すが，簡単に説明すると，まず，CPU内のIレジスタの内容を上位1バイトとし，周辺デバイスI/Oから供給された1バイト（最下位の1ビットは0であり，8255Aでは，指定できるレジスタがないので，IM2はできない）を下位とする2バイトデータをとり，この数値をアドレスとするメモリの内容を調べる。この指定のアドレスと+1番地の2バイトの内容が，割込みのとき移動する番地となる。したがって，あらかじめ，移動先の番地の下位1バイトを指定アドレスに書き込み，指定アドレス+1番地に上位1バイトを書き込んでおくことが必要になる。つまり，割込み時に移動する番地は自由に設定可能となる。

〔3〕 **割込みからのリターンおよび再スタート**[†]

  RETI INT 割込みから戻る。

  RETN NMI 割込みから戻る。

〔4〕 **交 換 命 令** 交換命令は，転送命令に似た部分もあるが，特殊な命令として，ここに分類する。図5.46のように，EXとEXXがある。

EX命令は，続いて書かれる第1オペランドと第2オペランドの内容を交換する。例のように，DEレジスタの内容とHLレジスタの内容を交換するには

  EX DE, HL

となる。このほかに，SPが示す番地の内容とSP+1番地の内容を，HL, IX, IYの内容と交換することができる。例えば，HLが対象の場合は，つぎのようになる。

  EX (SP), HL

また，ペアの裏レジスタ（A, F, B, C, D, E, H, Lレジスタに対して，A', F', B', C', D', E', H', L'のように，ダッシュをつけたレジスタを裏レジスタといい，通常使用することはない。ペアにすると，AFとAF'，BCとBC'，DEとDE'，HLと

---

 † サブルーチンからの戻りは，RETである。
  RST モード0の場合の移動番地を指定。

HL' がそれぞれ，裏レジスタになる）との交換ができる。EX 命令では

　　　EX　AF, AF'

の一種類が可能である。

　また，BC と BC'，DE と DE'，HL と HL' の内容を一度に交換する命令として

　　　EXX

がある。

演 習 問 題

【1】 A レジスタの内容を C レジスタと 1000H 番地の両方に転送せよ。

【2】 A レジスタと B レジスタの内容を交換せよ。

【3】 ペアレジスタ BC と DE の内容を交換せよ。

【4】 A レジスタと 1000H 番地の内容（1000H）を交換せよ。

【5】 1000H 番地に 55H を転送する方法を 3 通り示せ。

【6】 1300H 番地の内容を B レジスタに転送する方法を 3 通り示せ。

【7】 SP と HL レジスタの内容を交換せよ。

【8】 25H+36H を計算し，答を 16 進数と 10 進数で求めよ。答は A レジスタに格納せよ。

【9】 82H-36H を計算し，答を 16 進数と 10 進数で求めよ。答は A レジスタに格納せよ。

【10】 1299H+4391H を計算し，答を 16 進数と 10 進数で求めよ。答は HL レジスタに格納せよ。

【11】 A レジスタに 03H を入れ，A レジスタの内容を 2 倍せよ。

【12】 A レジスタに 03H を入れ，A レジスタの内容を 10 倍せよ。

【13】 HL レジスタに 0033H を入れ，HL レジスタの内容を 16 倍せよ。

【14】 B レジスタと C レジスタの内容の AND をとり，結果を A レジスタに格納せよ。

【15】AND A, OR A, XOR A命令を実行すると，Aレジスタの内容はどうなるか。また，CYフラグはどうなるか示せ。

【16】数値56HとA, B, Cレジスタの内容のORをとり，結果を，それぞれ1000H, 1001H, 1002H番地に格納せよ。

【17】Aレジスタに03Hを入れ，Aの内容を3回左シフトせよ（8倍の意味）。

【18】Aレジスタに30Hを入れ，Aの内容を3回右シフトせよ（1/8倍の意味）。

【19】HLレジスタに0330Hを入れ，HLの内容を左シフトせよ（2倍の意味）。

【20】HLレジスタに0330Hを入れ，HLの内容を右シフトせよ（1/2の意味）。

【21】Bレジスタに66Hを入れ，Bの内容を左に3回転せよ。

【22】Cレジスタに66Hを入れ，Cの内容を右に3回転せよ。

【23】HLレジスタに1234Hを入れ，HLの内容を3回左回転せよ。

【24】HLレジスタに01Hをいれ，HLの内容を順次左に移動して，HL=0になったら停止するプログラムを作成せよ。

【25】2を10回足すプログラムを，それぞれ（1）JP，（2）JR，（3）DJNZ命令で書き，各場合のマシン語を比較せよ。ただし，戻る番地のラベルをLOOPとし，その位置を1234H番地とする。

【26】Aレジスタの八つのビットの中で1の合計が偶数ならBレジスタに00Hを入れ，奇数なら，Bレジスタに01Hを入れよ。

【27】1000H番地からCALL TIMER（1234H番地）すると，スタック領域の内容はどう変化するか。ただし，SP=8800Hとする。
　　また，TIMERの中で1240H番地から，さらに別のサブルーチンTIMER2をCALLすると，スタック領域の内容はどうなるか。

【28】BCレジスタとHLレジスタの内容を交換せよ。

【29】現在のFレジスタの内容をAレジスタに転送せよ。

【30】Bレジスタの最上位ビットを1に，最下位ビットを0にせよ。

【31】 メモリの1000H番地のデータの最上位ビットをセットせよ。

【32】 Aレジスタの八つのビットで1であるビットの合計を求めよ。答はBレジスタに格納せよ。

【33】 Aレジスタの内容をポート (00H) へ出力せよ。

【34】 ポート (01H) のデータをBレジスタへ入力せよ。

【35】 1000Hから1009H番地の内容を，順次ポート (02H) へ出力せよ。

【36】 I/O 8255Aにおいて，Aポートを入力に，B,Cポートを出力に使用するとき，コントロールワードCWに送るデータを示せ。

【37】 つぎのブロック転送プログラムを実行すると，どのような結果になるか。
```
        LD HL, 1000H
        LD DE, 2000H
        LD BC, 0000H
```

【38】 1000H番地から1009H番地の中を順次A（内容3EH）レジスタと比較していき，1005H番地に3EHがある場合，つぎのプログラムを実行すると，HL, BCレジスタ，Z, P/Vフラグはどのように変化するか。
　　　また，この範囲の番地に3EHがないと，HL, BC, Z, P/Vフラグはどうなるか。
```
        LD HL, 1000H
        LD BC, 000AH
        LD A, 3EH
        CPIR
        HALT
```

【39】 Aレジスタに55Hを入れ，55Hの1の補数をBへ格納し，2の補数をCへ格納せよ。

【40】 論理演算命令を使用しないで，CYフラグを0にせよ。

【41】 AレジスタとBレジスタのビットが一致しているとき1になる論理をつくり，結果をAレジスタへ格納せよ。

【42】 A−Bの値の絶対値を計算し，結果をCレジスタに格納せよ。

【43】 AとBを比較し，一致したらその値をCレジスタに格納せよ。また，一致しないときは，CにFFHを入れよ。

演習問題

【44】 メモリの0000H番地から内容を調べていき，76H（HALT命令）を見つけたらプログラムを終了せよ。そのとき，HALT命令があった番地をHLレジスタに格納せよ。

【45】 1＋2＋3＋4＋5＋6＋7＋8を計算し，結果を10進補正して，1000H番地に格納せよ。

【46】 6FHと30HのAND, OR, XORをとり，結果をそれぞれ，1000H番地，1001H番地，1002H番地へ格納せよ（サブルーチンを使用しないで作成）。

【47】 6FHと30HのAND, OR, XORをとり，結果をそれぞれ，1000H番地，1001H番地，1002H番地へ格納せよ〔サブルーチン名ASET（8050H番地より作成）を使用〕。

【48】 0000H番地から10バイト分（0000H〜0009H）のデータを，1000H番地から10バイト（1000H〜1009H）にブロック転送せよ（リピートなしLDI）。

【49】 0000H番地から10バイト分（0000H〜0009H）のデータを，1000H番地から10バイト（1000H〜1009H）にブロック転送せよ（リピート付きLDIR）。

【50】 09H×05Hを計算せよ。ただし，Cに09H，Bに05Hを入れ結果をAに格納せよ。

【51】 99H×55Hを計算せよ。ただし，Eに99H，Bに55Hを入れ結果をHLに格納せよ。

【52】 2進数の概念を用いて，99H×55Hを計算せよ。ただし，Eに99H，Cに55Hを入れ結果をHLに格納せよ。

【53】 99H÷05Hを計算せよ。ただし，Aに99H，Cに05Hを入れ，引けた回数である結果をBに格納せよ。また，余りをAに格納せよ。

【54】 9999H÷15Hを計算せよ。ただし，HLに9999H，DEに15Hを入れ，引けた回数である結果をBCに格納せよ。また，余りをHLに格納せよ。

【55】 2進数の概念を用いて，99H÷05Hを計算せよ。ただし，Lに99H，Cに05Hを入れよ。また，結果をLに格納し，余りをHに格納せよ。

II部　周辺LSIとC言語プログラミング

6

Cコンパイラ

6.1　C言語の必要性

　近年は半導体製造技術が急速に進化しており，つぎからつぎへと新しいマイクロコンピュータ（略してマイコン）が市場に出されている．それと同時に，ソフトウェアの開発環境もより高機能になってきている．これらの環境で，開発言語の主流を占めているのは**C言語**である．

　マイコンのソフトウェア開発において，ハードウェアの複雑な動作をすべてアセンブリ言語でプログラミングすることは効率的とはいえない．近年の組み込み用マイコンと比較してシンプルなアーキテクチャである**Z80**であっても，コンパイラの性能しだいではC言語で開発するほうが圧倒的に有利である．

　制御対象のシステムが複雑になると，アセンブリ記述ではプログラミングが難しくなる．アセンブリ言語はCPUの動作を単純に対応させたものに過ぎないからだ．そこで，C言語などの**高級言語**が必要になる．マイコンのプログラミングでは従来からC言語が利用されてきた．

　加えて，近年では，組み込み制御技術の分野を中心に，C++やJavaなど，多くの**オブジェクト指向言語**（object-oriented language）が導入されている．しかし，オブジェクト指向言語とはいえ，これらの言語仕様は**手続き型言語**（procedural language）であるC言語をもとに設計されている．

　このように，マイコンのソフトウェアを開発する上ではC言語の選択が現

実的で，かつ発展性もある．特に教育現場では，執筆時点においてZ80とC言語の組合せはまだまだ現役だと考える．

こうしたことからⅡ部では，開発環境を比較的入手しやすく，習得難易度もさほど高くないC言語によるプログラミングを紹介することにする．本書では，オブジェクト指向言語には触れないが，基礎的教養としてのC言語を足がかりに，読者が新しい分野へ挑戦することを期待する．

なお，本書Ⅱ部を読み進める上では，最低限のC言語基礎知識習得を前提とすることをあらかじめお断りしておく．本文中では，C言語の基礎文法についてはおもな概念のみにとどめ，Z80マイコンとその周辺デバイスのプログラミングをメインに説明する．C言語の基礎文法については，ほかの関連書籍を参照されたい．

6.2 Cコンパイラとは

Cコンパイラ（C compiler）とは，C言語で記述したソースファイル（source file）を，アセンブリ言語に翻訳するソフトウェアである．

パソコン上のアプリケーション開発用のものから，H8やZ80などのマイコン制御用，あるいは組み込み用のワンチップマイコン制御用にいたるまで，さまざまなCコンパイラが存在する．

本書で紹介するSDCCは，さまざまなマイコンに対応する，フリーウェアのCコンパイラである．

6.3 SDCC

SDCC（small device C compiler）とは，GPL[†]によるライセンスフリーのマイコン開発用Cコンパイラである．SDCCは，Windows, LinuxあるいはWindowsのLinuxシミュレータであるCygwin上で動作する．オプション指定

[†] GPL（general public license）

により，Z80，8051，PICなどのアセンブリコードを吐き出す．マイコン開発用のフリーのコンパイラは数少なく，その中でも著者が知る限り，Z80をターゲットとしたものはSDCCだけではないかと考えられる．

6.4 開発環境の導入

6.4.1 必要なもの

〔**1**〕**パソコン**　WindowsまたはLinuxがインストールされているパソコンが必要である．Cコンパイラは後述のSDCCを使用する．SDCCは前述のとおり，さまざまなプラットフォーム上で動作するが，ここでは，Windowsで動作させることを前提として，話を進める．

加えて，RS-232C（シリアル）コネクタが必要である（**図 6.1**）．最近は，シリアルコネクタを搭載していないパソコンも多いので，気を付ける必要がある．一方，USB端子をシリアル9ピンに変換するモジュールも販売されている．

図 6.1　シリアルコネクタ

これにより，USB端子があれば，シリアルコネクタが搭載されていなくても使用可能である．

〔**2**〕**Cコンパイラ**　1.3節で紹介したSDCCを使用する．SDCCは，本書のテーマであるZ80に加え，8051やHC08，PICなどのCPUにも幅広く対応している．元来は8051をターゲットとするコンパイラとして開発されたが，対応するCPUをしだいに広げていった．どのCPUに対応するアセンブリコー

ドを出力させるかは，コンパイラに与えるオプションパラメータによって決められる。

SDCC は，http://sdcc.sourceforge.net/ のウェブサイトからダウンロードできる。

〔*3*〕 **ターミナルソフト**　ターミナルソフトとは，パソコンとデバイス（あるいは他方のパソコン）との間でデータ通信を行うための窓口となるソフトウェアである。**図** *6.2* は，ターミナルソフトの画面である。ウィンドウを介してテキストの送受信が可能である。キーボードから文字を入力して相手側に送信する，あるいは相手側が送信してきた文字を受信してウィンドウに表示する，といったことができる。

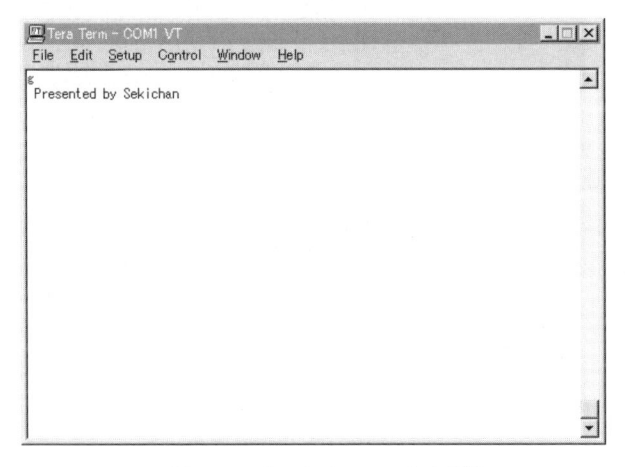

図 *6.2*　ターミナルソフトの画面

OS に標準で導入されているものから，高性能なフリーソフトまでさまざまなものがある。これらの通信プロトコルは RS-232C のみならず，TCP/IP（telnet や ssh）を備えたものもあり，便利である。本書では RS-232C のみを使用する。

ターミナルソフトの選択にあたっては，エスケープシーケンス（escape sequence）が使える VT100 系のターミナルソフトを推奨する。エスケープシーケンスは，ターミナル上で文字列表示を任意に制御できる（文字列のカラー表示や座標指定，画面クリアなど）コードで，あらゆる面で役に立つ。

6. Cコンパイラ

〔4〕 **エディタ**　テキストファイルを作成できるものであれば，なんでもよい。OS に標準のテキストエディタ（Windows なら「メモ帳」，Linux なら vi など）でもよいが，使いやすいエディタはほかにも数多く存在する。ただし，作成したプログラムのエラー箇所を参照するためには，行番号を表示するものが望ましい（**図 6.3**）。

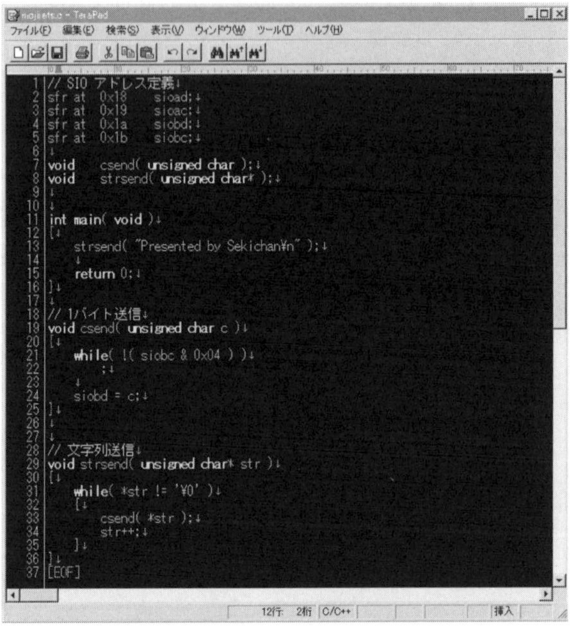

図 6.3　エディタ画面

〔5〕 **シリアルケーブル**　最近のシリアルケーブルは一般的に，9 ピンオス－メスのストレート結線である。古いパソコンに搭載されているシリアルコネクタは，25 ピンの場合もある。コネクタのピン数に注意して，ケーブルを選ぶ。自作してもよい。ハードウェアフロー制御（hardware flow control）など，込み入ったことをしないのであれば，結線は3本で足りる（グランドライン「アース線（earth line）」，RxD「受信データ（receive data）」，TxD「送信データ（transmit data）」）。本書では，ハードウェアフローなどの概念には触れないので，3本結線で十分である。自作する場合は，**図 6.4** を参考されたい。

図 6.4 シリアルケーブルの結線

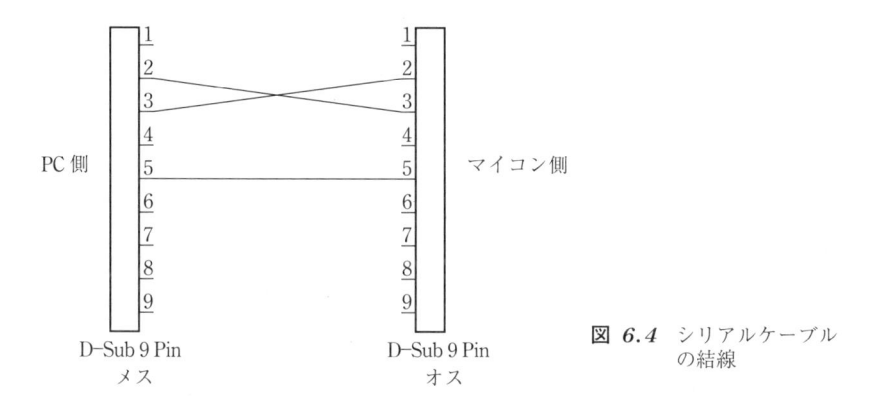

（PC側 D-Sub 9 Pin メス — マイコン側 D-Sub 9 Pin オス）

〔6〕**Z80マイコンボード** 最近ではZ80マイコンボードの種類は少なくなった．実際にZ80-CPU（あるいはその互換品）を搭載したマイコンボードは，希少である．しかし，Z84C15（あるいはその互換品）を搭載したマイコンボードは販売されている．Z84C15は，Z80-CPUと周辺LSI（Z80-PIO互換，Z80-SIO互換，Z80-CTC互換）をワンチップに収め，内部結線したLSIである．マイコンボードを自作する手段も考えられるが，Z84C15はフラットパッケージのため，基板の製作やはんだ付けが困難である．現実的には，マイコンボードとしての市販品を購入するか，組み立てキットを購入することが望ましい．マイコンボードの製品例は，**表 6.1** を参照していただきたい．

表 6.1 Z80マイコンボードの製品例

製品名	メーカー	CPU	SIO	PIO	CTC	備考
AKI-80	秋月電子通商	Z84C15互換（ワンチップパッケージ）(Z80, Z80-SIO, Z80-PIO, Z80-CTC互換デバイスをワンパッケージ化し, 内部結線したもの)				組み立てキット
UEC-Z02A など	梅澤無線電機					基板一体製品
TK-Z80		Z80	8251A	8255A	なし	

〔7〕**入出力インタフェース** 入出力インタフェースは，独自に設計，製作する．学びたい実習内容に応じて，自分なりにアレンジするのがよい．PIOやSIOの各ポートをどのようにインタフェースに配置するのかを考え，回路を設計する．**図 6.5** に入出力インタフェースの回路例を示す．

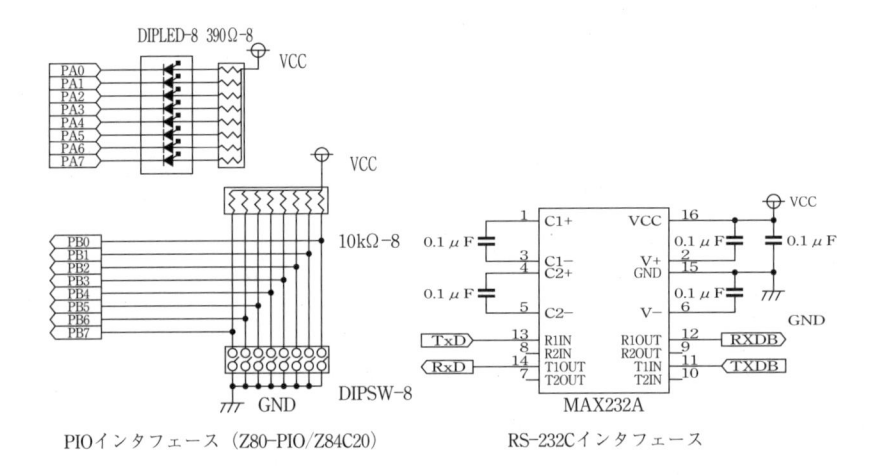

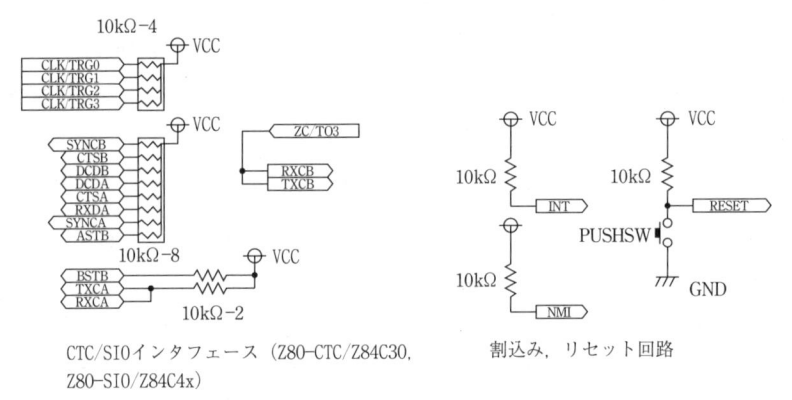

図 6.5 入出力インタフェース回路例

6.4.2 Z80系マイコンの紹介

　Z80系マイコンは，コンパクトで優れた性能を有する製品が，いくつか販売されている．教育機関や企業でも，いまだに数多く採用していることから，「成熟しきっているが，それでもなお長く使われ続けている」マイコンであり，普遍的な技術要素が多く含まれている．表6.1にマイコンボードの製品例を挙げたので参考にしていただきたい．

6.4.3 プログラミングの必要条件

本書の内容でZ80マイコンのプログラミングを行う上では，以下の条件を満たす必要がある。

1) シリアル通信ソフトが書き込まれたROMが搭載されていること。
2) シリアルインタフェース回路が搭載されていること。

シリアルインタフェースは，入出力インタフェース回路に組み込まれていると便利である。図6.5に示す回路のうち，MAX232CというICが，シリアルインタフェースの中枢を担っている。このICは，TTL信号とRS-232C規格の信号を相互に変換するものである。

SIOの出力（送信ポートTXDx）がインタフェースを介して外部機器の受信ポートRxDへ，また，外部機器の出力（送信ポートTxD）がインタフェースを介してSIOの入力（受信ポートRXDx）へ接続される。

演 習 問 題

【1】 以下の記述は正しいか，誤りか。
 (1) 複雑な処理は，C言語に代表される高級言語より，アセンブリ言語のほうがプログラミングしやすい。
 (2) C言語は，オブジェクト指向言語である。
 (3) Cコンパイラとは，アセンブリ言語で記述したソースファイルを，C言語ソースファイルに変換するソフトウェアである。

7

SDCC 基本プログラミング

7.1 プログラミングの手順

マイコンのプログラミングは，以下の手順で行うのが一般的である。
1) パソコンでソースファイルを作成する。
2) ソースファイルをコンパイル（compile）する。アセンブル（assemble）とリンク（link）も同時に行う。
3) 生成されたHEXファイルをマイコンに転送する。

ソースファイルとは，プログラミング言語（ここではC言語）で記述されたファイルのことである。

作成したソースファイルを，コンパイラ（翻訳プログラム）にかけ，コンパイルする。コンパイルにより，アセンブリ言語に変換される（アセンブリ言語についての詳細は，I部を参照していただきたい）。さらに，生成されたアセンブリ言語プログラムファイル（これもソースファイルという場合がある）をアセンブラ（assembler，機械語変換プログラム）にかけることで，マイコンの機械語に変換される。

リンクとは，複数のプログラムファイルを結合することである。単体のソースファイルをコンパイルするだけでは，機械語プログラムとして完結しないことが多い。そこで，関連するプログラム（オブジェクトファイル）をメインプログラムと結合する必要がある。

7.2 C言語の基礎文法

本書はZ80マイコンのプログラミングをテーマにしており，C言語をメインに取り扱うことはしない。しかし，復習としてC言語の基礎文法に少しだけ触れておこう。

7.2.1 プログラムの記述

C言語のプログラムは，**関数**（function）というモジュールの組合せで構成される。関数はサブルーチンとしての機能を果たし，呼び出されるごとに関数内に記述された処理を実行する。アセンブリ言語で言えば，CALL…RET に相当する。ただし，単なるサブルーチンではなく，メインルーチンから値を引き受けたり，メインルーチンへ値を返したりすることもできる。これについては後述する。一般的なC言語プログラムは，上から，ヘッダファイルのインクルード，マクロ定義，関数のプロトタイプ宣言，グローバル変数の宣言，main関数，関数定義の順で記述される。

```
#include     "z84.h"
#define      USUAL              0x01
#define      CHANNEL_RESET      0x02
#define      TC_FOLLOWS         0x04
#define      EXT_TRIGGER        0x08
#define      UPEDGE             0x10
#define      PRESCALE_256       0x20
#define      COUNTER_MODE       0x40
#define      ENABLE_INT         0x80

void    pioinit( void );
void    intinit( void );
void    set_time_constant( unsigned char tc );
void    timer_isr( void ) interrupt;
int     pwm_val;

void main( void )
{
    …
}
void intinit( void )
{
    …
}
…
```

ヘッダファイルのインクルードとは，指定位置に挿入するソースファイル（おもにグローバル変数や，関数のプロトタイプ宣言など）のファイル名を指定することである．これにより，複数のプログラムでソースファイルの共有ができるようになる（7.6節参照）．

```
        #include    "z84.h"
```

マクロ定義とは，プログラム中で特定の語句（数値，キーワードなどあらゆるもの）を別の表現に置き換える方法である．直感的にイメージしにくい数値データをわかりやすい表現に置き換えたい場合などに使用する．

```
        #define     USUAL           0x01
        #define     CHANNEL_RESET   0x02
        #define     TC_FOLLOWS      0x04
        #define     EXT_TRIGGER     0x08
        #define     UPEDGE          0x10
        #define     PRESCALE_256    0x20
        #define     COUNTER_MODE    0x40
        #define     ENABLE_INT      0x80
```

関数のプロトタイプ宣言は，プログラム中で定義し，使用する関数を実行前に宣言するものである．プロトタイプ宣言があって初めて定義した関数を使用できるようになる．プロトタイプ宣言を行わないと，コンパイラには「突然現れた未知の表現」と見なされ，関数として認識されない．

プロトタイプ宣言では，関数の戻り値と引数の型を明示しておく．後述の関数定義で同名の関数の実態を定義することになるが，このとき，定義した関数の戻り値と引数は，プロトタイプ宣言におけるそれと一致していなくてはならない．

```
        void    pioinit( void );
        void    intinit( void );
        void    set_time_constant( unsigned char tc );
        void    timer_isr( void ) interrupt;
```

グローバル変数（global variable）の宣言は，ソースファイル内でグローバル変数を用いる場合に行う．グローバル変数とは，宣言したブロック内だけで使用できるローカル変数とは異なり，宣言したソースファイル全体で有効な変数である．

```
        int     pwm_val;
```

main関数は，プログラムの本体を記述する関数である．原則として，C言

語のプログラムは，まず先にmain関数に記述された処理を実行する。したがって，ひととおりの処理は，main関数内部に書き並べていく。

```c
void main( void )
{
    pioinit( );
    intinit( );
    set_time_constant( PERIOD );
    enable_interrupt( );
    while( 1 )
    {
        for( pwm_val = 0; pwm_val < PWM_MAX; pwm_val++ );
    }
}
```

関数定義は，プログラムの随所で必要となる関数の実体を記述することである。プロトタイプ宣言で宣言した関数の具体的な処理を記述する。

```c
void pioinit( void )
{
    pioac = 0xcf;
    pioac = 0x00;
}
void set_time_constant( unsigned char tc )
{
    ctc0 = ENABLE_INT | PRESCALE_256 | UPEDGE | TC_FOLLOWS | CHANNEL_RESET | USUAL;
    ctc0 = tc;
    ctc0 = IVECL;
}
…
```

7.2.2 関　　　数

前述のとおり，関数は単なるサブルーチンとは異なる面がある。それは，**引数**（argument）と**戻り値**（return value）という概念が存在するところである。引数とは，呼出し側が関数に与える値のことである。引数は複数与えることができる。また，戻り値とは関数が呼出し側に返す値のことである。一つの関数が複数の戻り値を返すことはできない（**図 7.1**）。

関数には

1) 引数と戻り値を伴わないもの
2) 引数だけ伴うもの
3) 戻り値だけ伴うもの
4) 引数と戻り値の両方を伴うもの

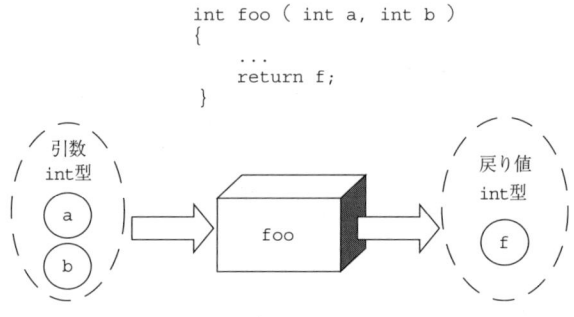

```
int foo ( int a, int b )
{
    ...
    return f;
}
```

図 7.1 関数，引数，戻り値

が存在する。

1）は，関数を単なるサブルーチンとして使用するパターンである。前述のとおり，アセンブリ言語の CALL...RET に相当する。

例 7.1

```
void cls( void )
{
    strsend( "¥033[2J" );
}
```

2）は，呼出し側からなんらかの情報を受けて，受けた内容に応じて一定の処理を実行するパターンである。例えば，任意の文字列を表示する，あるいは任意の座標に制御対象を移動させる，などである。

例 7.2

```
void locate( int x, int y )
{
    unsigned char   s_buf[50];

    sprintf( s_buf, "¥033[%d;%dH", y, x );
    strsend( s_buf );
}
```

3）は，単なるサブルーチン処理に加えて，実行結果によりなんらかの応答を呼出し側に返すパターンである。例えば，サブルーチン内の処理が問題なく終了したならば0を，オーバーフローして失敗に終わったならば1を呼出し側に返して実行結果を知らせる，あるいはサブルーチン内で得られたデータをメ

イン側に返す処理などである。

例 7.3
```
unsigned char crecv( void )
{
    while( !( siobc & 0x01 ) )
        ;
    return siobd;
}
```

4）は，2）と3）の組合せである。例えば，バイナリコードをBCDコードに変換する関数が挙げられる。引数として1バイトのバイナリデータを与えると，戻り値としてBCDコードを出力する。ほかにも，数学関数などの複雑な処理の定義が可能である。

例 7.4
```
int bcd2 ( int dec )
{
    return dec + ( dec / 10 ) * 6;
}
```

C言語は，関数で構成される言語であるので，関数を自在に定義できるようになることが上達へのカギとなる。

7.2.3 ポインタ

ポインタ (pointer) は，**メモリアドレスを格納するためのデータ型**である。ポインタはC言語特有の概念であり，使い方しだいでは非常に便利である。

int型，char型，float型と同じく，ポインタはポインタ型である。具体的に言えば，ポインタ型は**変数のアドレスを保持するためのデータ型**である。例えば，int型変数aへの代入演算としてa = 10;とすると，実際には，変数aに代入した値10がメモリ上のどこかのアドレスに配置される（**図 7.2**）。

```
int*    address;    // int 型へのポインタ（後述）
int     a = 10;

address = &a;       // a の内容が格納されているアドレス
                    // を address に代入
```

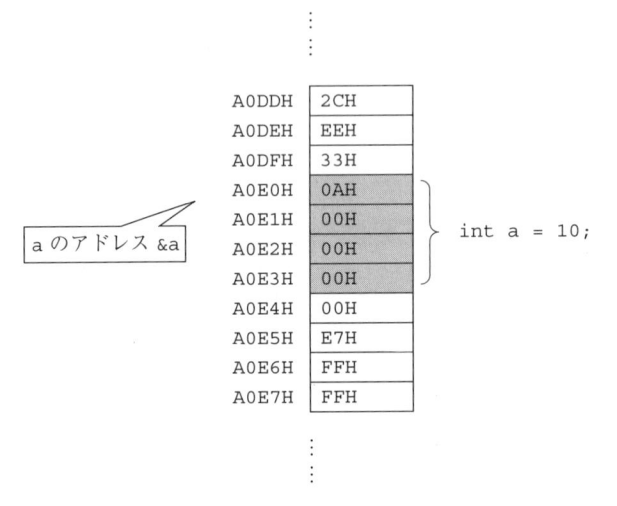

```
           ⋮
A0DDH  2CH
A0DEH  EEH
A0DFH  33H
A0E0H  0AH  ┐
A0E1H  00H  │
a のアドレス &a   A0E2H  00H  ├ int a = 10;
A0E3H  00H  ┘
A0E4H  00H
A0E5H  E7H
A0E6H  FFH
A0E7H  FFH
           ⋮
```

図 7.2 メモリへの変数配置

アドレスはユーザが指定するものではなく，影響のないアドレス空間をコンパイラが自動的に割り当てる。自動的に配置されたアドレスは，**アドレス参照演算子**（address reference operator），"&" を用いて，以下のように参照できる。

このように，変数を使用すると，必ずメモリ領域が確保され，アドレスが割り当てられる。このアドレスを保持するためのデータ型がポインタ型である。また，ポインタ型変数を，単に**ポインタ**（pointer）という。

ポインタの宣言は，扱う変数のデータ型によって書式が異なる。

例 7.5 int 型変数のアドレスを保持するポインタの宣言

```
int* address;
```

つまり変数 address は，(int*) 型ともいえる。

例 7.6 char 型変数のアドレスを保持するポインタの宣言

```
char* address;
```

つまり変数 address は，(char*) 型ともいえる。

ほかも同様に，ポインタ型は，扱う変数のデータ型の語尾に * を付けて宣

言する．

例 7.7
```
unsigned int*   address;
float*          pdata;
struct regset*  p;
```

変数が割り当てられているアドレスを，& 演算子を用いて参照可能であることは前に述べた．一方，ポインタが保持するアドレスに格納されているデータを参照することも可能である．このためには，* 演算子を用いる．

```
int*    ptr;
int     data = 100;
int     x;

ptr = &data;
x = *ptr;
```

このとき，変数 x には 100 が代入される．つまり，* 演算子は，ポインタが保持するアドレスの内容を参照するための演算子である．

ポインタを使用する際に注意しなくてはならないことは，**適当な値を勝手にポインタに代入してはならない**点である．ポインタはアドレスを保持する変数である．適当な値をポインタに代入すると，メモリ上の，代入した値のアドレスにアクセスすることになる．プログラムが配置されているアドレスにアクセスすれば，プログラムが暴走することがある．通常は，この事態を避けるために，コンパイル時に警告メッセージが現れる．

マイコンのプログラミングにおいてポインタが有用と感じる面は，関数を使う場合である．関数は戻り値を一つしか返さない．しかし，戻り値として複数のデータを必要とする場合がある．このような場合は，構造体または配列の先頭アドレスを戻り値として返すようにすればよい．この場合，先頭アドレスを保持する変数として，ポインタを戻り値に指定するわけである．

7.2.4 構造体とビットフィールド

〔**1**〕**構 造 体**　　構造体 (structure) は，複数のデータ型を包括するデータの集合体である．例えば x 座標と y 座標，アスキーコード，装置の識別 ID

の4種類のデータをひとまとめにする必要があるとすると，これは構造体で定義できる。

定義する構造体は，データ型の一つとして考えることができる。上記の例を，以下のように cntpkg という名称の構造体として定義してみる。なお，構造体の名称は**構造体タグ**（structure tag）と呼ばれる。

```
struct cntpkg
{
    int           x;
    int           y;
    char          code;
    unsigned int  devID;
};                //セミコロンを忘れずに
```

こうすることで，包括した4種類のデータは struct cntpkg 型として扱うことができる。しかし，これではまだ「型を定義した」だけなので，実際に取り扱う変数を宣言しなくてはならない。つまり

```
    struct cntpkg     cntdata;
```

として，struct cntpkg 型の cntdata という変数を宣言する必要がある。

つぎのように，定義と宣言を同時に行うこともできる。

```
struct cntpkg
{
    int           x;
    int           y;
    char          code;
    unsigned int  devID;
} cntdata;
```

構造体の構成要素となる各変数は，**構造体メンバ**（structure member），あるいは単に**メンバ**と呼ばれる。上記の例では，x, y, code, devID がメンバに相当する。

構造体のメンバにアクセスするには，メンバ演算子 "." を用いる。

例えば

```
    loc_x = cntdata.x;
```

とすれば，cntdata のメンバ x の値を，loc_x に代入する。

構造体を指示するポインタを宣言することもできる。

```
    struct cntpkg*    p_cnt;
```

この場合，p_cnt は struct cntpkg 型を指示するポインタ型変数と解釈

できる．構造体へのポインタからメンバにアクセスすることも可能である．ただし，メンバ演算子"．"は用いず，代わりに"->"を使用する．

```
ploc_x = p_cnt->x;
```

マイコン制御におけるC言語プログラムでは構造体へのポインタを用いることは少ない．詳細については，別途関連書籍を参照していただきたい．

〔*2*〕 **ビットフィールド** マイコン制御で多用するのが，構造体に関連する**ビットフィールド**（bit-fields）である．

ビットフィールドは，各メンバのビット長を定義できる構造体である．ただし，メンバのデータ型は int または unsigned int でなくてはならない．また，メンバに続けて"："とビット長を明記する．

```
struct regdata
{
    int     posEdge     : 1;
    int     extClk      : 1;
    int     lowData     : 3;
    int     highData    : 3;
} prdcnt;
```

以上が，一般的なC言語プログラムの基本文法である．ループ処理や条件分岐などの制御構造やその他詳細については，関連書籍を参照していただきたい．

7.3 レジスタ等におけるビット機能の定義方法

マイコンのプログラミングでは，周辺デバイスにおける書込み，もしくは読出しレジスタを頻繁に使用する．レジスタの各ビット（bit）にはそれぞれの機能があり，ビットの値が1であるか0であるかによって意味が異なってくる．例えば，後述する，I/Oデバイスの制御語レジスタはその典型である．

レジスタが8ビットで構成されている場合，レジスタが表現できる値の範囲は00H～FFHとなるが，プログラム上で数値を直接表現することは，プログラムの見通しを悪くすることが多い．本書で随所に載せてあるプログラム例では，便宜上，値で表現しているものもある．しかし，できればこれから紹介す

る方法でレジスタのビットを定義することが望ましい。

Z80-CTC（あるいは Z84C15 に内蔵されている Z84C30）の例を挙げてみよう。Z80-CTC には，動作を決定付けるための書込みレジスタが存在する（図 9.4 を参照）。このレジスタに書き込む値を，**チャネル制御語**（channel control word）と呼ぶ。このレジスタを，ビットごとに #define 文で各機能を定義すると，つぎのようになる。

```
#define    USUAL            0x01
#define    CHANNEL_RESET    0x02
#define    TC_FOLLOWS       0x04
#define    EXT_TRIGGER      0x08
#define    UPEDGE           0x10
#define    PRESCALE_256     0x20
#define    COUNTER_MODE     0x40
#define    ENABLE_INT       0x80
```

これらのビット定義を活用して，制御語レジスタにチャネル制御語を書き込むには，つぎのように，有効にしたいビットの OR 演算結合で表現すればよい。例えば，割込みを有効，カウンタモードで動作，プリスケーラの分周比を 16 ビット，トリガ入力をダウンエッジ，内部クロックによるトリガ動作を選択するものとしてチャネルをリセットせずに設定する場合は，つぎのような記述でチャネル制御語を表現することができる（0 ビット目は必ず 1 にすることになっている）。

```
ctc0 = ENABLE_INT | COUNTER_MODE | USUAL;
```

（ctc0 は，sfr at 文で定義された CTC のチャネル制御語レジスタのポートアドレス）

すなわち OR 演算によってポートアドレス ctc0 に設定される値は，1100 0001B となり，指定した定義ビットだけが 1 になる。このように，#define 文で各ビットだけを 1 にしたときの値を定義しておけば，いちいち数値を演算して値を直接記述せずにすむ。

7.4 SDCC における制限

SDCC はおおむね ANSI-C に準拠しているが，組込みマイコンをターゲット

とした開発支援コンパイラであるため，いくつかの制限事項がある。おもな制限事項は以下のとおりである。

1) データ型については double が使用できない。

2) 旧 K&R による関数の定義方法は認められていない。すなわち

```
function( a, b )
int a, b;
{
    …
}
```

のような記述である。

3) グローバル変数宣言時に初期値を代入できない。つまり

```
int   data = 80;
void main( void )
{
    …
}
```

のような記述である。

このように，マイコンの開発を主たる目的とするコンパイラは，必ずしも標準のC言語文法に準拠していない面があるので，注意したい。

7.5 コンパイル

SDCC で Z80 用 C 言語ソースをコンパイルするためには，コマンドラインから，つぎのように入力する。

```
sdcc -mz80 --no-std-crt0 --code-loc <start address>
--xram-loc <user memory address> <file name>
```

上記中，<start address> はプログラムの開始番地，<user memory address> はプログラムを配置できるメモリアドレスの先頭番地，<file name> はコンパイルするソースファイル名である。

例えば，ユーザ使用可能な RAM が 8000H 番地以降に割り当てられており，プログラムを 8000H 番地から配置したい場合，つぎのようなオプション指定をする。

```
sdcc -mz80 --no-std-crt0 --code-loc 0x8000 --xram-loc
0x8000 source.c
```

コマンド入力後，コンパイラは指定したソースファイルのコンパイル作業を開始する。

問題なくコンパイル作業が完了すると，なにも表示せずにコマンド入力待ちの状態に復帰し，HEXファイル（拡張子ihx）が生成される。あとは生成されたHEXファイルをシリアル通信でメモリに転送すればよい。一方，コンパイラが文法的なエラーを検出した場合は，エラーの内容と，エラー箇所を示すソースファイルの行番号を表示する。プログラマはこのエラー表示にしたがって，ソースファイルを修正し，再度コンパイルに取り掛かる。

7.6 ライブラリとヘッダファイル

頻繁に使用する関数やアドレス定義は，**ライブラリ**（library）として管理すると便利である。ライブラリは，頻繁に使用する関数やグローバル変数の定義ファイルとして，メインプログラムファイルから独立する。これにより，プログラマはプログラムを作成する上で，毎回同じ関数を定義する必要がなくなる。コンパイル時に，連結したいライブラリファイルをオプション指定するだけで，必要な関数が使用できるようになる。

ライブラリは，コンパイルしたオブジェクトファイルをライブラリファイルに変換することで生成できる。また，ライブラリに定義した関数は，メインプログラム上でプロトタイプ宣言（prototype declaration）を行わなくてはならない。これも毎回定義するようでは面倒なので，ヘッダファイルとして別途独立したファイルに記述しておき，#include文で呼び出すことができるようになっている。例として，これから示す簡単なライブラリを作成してみよう。

7.6.1 ライブラリファイルの作成

まず，下記に示すソースファイルを作成する。これがライブラリのソースと

なる。ライブラリファイルは，頻繁に使用する関数群のオブジェクトファイルである。ライブラリであるから，main関数は存在しない。

ここでは，ライブラリのソースファイル名を"_mylib.c"とする。必ずしもアンダースコアをつける必要はないが，メインプログラムファイルとライブラリソースファイルを明確に区分するために，ここではこの方法を推奨する。

```c
// _mylib.c
void wait( long time )
{
    while( time-- )
        ;
}
int bcd2( int dec )
{
    return dec + ( dec / 10 ) * 6;
}
```

つぎに，作成したソースファイルをコンパイルする。ただし，リンカにはかけず，コンパイルのみ行う。

これを行うためには，以下に示すように，-c オプションをつけてコンパイルする。

```
sdcc -c -mz80 _mylib.c
```

コンパイルが無事に終わると，オブジェクトファイル"_mylib.o"が生成される。このファイルをライブラリファイルに変換する。SDCCでは，ライブラリ生成プログラムSDCCLIBを使用して変換を行う。ここでは，変換後のライブラリファイルを"mylib.lib"，すなわちアンダースコアを削除したファイル名にすることを推奨する。この手続きを行うために，コマンドライン上で以下のように入力する。

```
sdcclib -a mylib.lib _mylib.o
```

7.6.2 ヘッダファイルの作成

つぎに，ヘッダファイルを作成する。前述のとおり，ヘッダファイルは，グローバル変数の宣言や，関数のプロトタイプ宣言の集合である。つまり，ヘッダファイルへの関数実装（implementation）は必要とされない。

前述の"mylib.lib"に対応するヘッダファイル"mylib.h"を，以下に示す。

```
// mylib.h

void    wait( long time );
int     bcd2( int dec );
```

7.6.3 メインプログラムでの記述

作成したライブラリを，メインプログラムで使用するためには，main 関数を実装する前にヘッダファイルのインクルードを行えばよい。

ヘッダファイル"mylib.h"を，メインプログラムにインクルードした記述を下記に示す。

```
#include "mylib.h"

void main( void )
{
    while( 1 )
    {
        …
        wait( 200 );
        …
        x = bcd2( 25 );
        …
    }
}
```

7.6.4 ライブラリとメインプログラムの結合

ライブラリを使用したメインプログラムをコンパイル，リンクするためには，コンパイル時にメインプログラムのソースファイルとライブラリファイルの両方を指定する必要がある。

例えば，ライブラリファイル"mylib.lib"と，メインプログラムファイル"prog.c"をコンパイル，リンクするためには，コマンドライン上で，以下のように入力する。

```
sdcc -mz80 --no-std-crt0 --code-loc 0x8000 --xram-loc
0x8000 prog.c mylib.lib
```

ライブラリとメインプログラムが結合されるまでのイメージを，図 7.3 に示す。

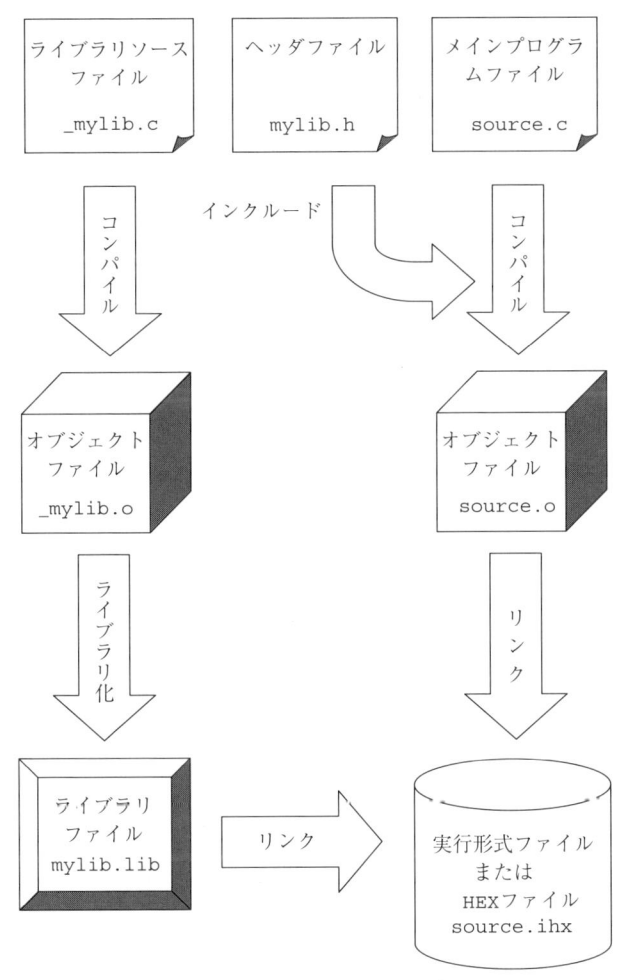

図 7.3 ライブラリ結合のイメージ

7.7 変数の型，サイズ

SDCCではcharは8ビット（bit），intは16ビット，longは32ビット。floatは単精度浮動小数として32ビットのデータ長を有する。doubleは扱えない。

コンパイラの種類によって，変数の型とサイズの定義が異なるので注意が必要である。一般的に，8ビットは1バイトと等価である。

SDCCの場合，言い換えればcharは1バイト，intは2バイト，longとfloatは4バイトのデータ長を有する。これらのデータ長を勘違いすると，マイコンが思わぬ動作をすることがある。見つけにくいバグの要因となるので，注意が必要である。SDCCに限らず，変数の型とサイズの定義はシステムによって異なるので，よく確認すべきである。

7.8 ポートアドレス定義

SDCCでは，ポートの番地など，I/Oアドレスの定義を行うには，拡張書式であるsfr at文を使用する。sfr at文はZ80に対応したコードであるため，ほかのマイコンには適用されない（ほかのマイコンでもsfr文を用いるのだが，表記方法が異なる）。

なお，sfr at文で定義されるポートアドレスは，sfrストレージクラス（storage class）と呼ばれる。

```
sfr at <address> <sfr storage class>
```

上記中，<address>はポートアドレスとして指定する番地，<sfr storage class>はポートアドレスに対応するsfrストレージクラスである。

sfr at文を使用した例をつぎに示す。

```
sfr at 0xf0    porta;
sfr at 0xf1    portb;
sfr at 0xf2    portc;
sfr at 0xf3    cwr;

void main( )
{
    cwr = 0x91;
    portb = 0x01;

    if( porta & 0x02 )
        portb = 0x04;
}
```

上記プログラム例をコンパイルした出力結果（一部のみ掲載）を，**図 7.4**に示す。

7.8 ポートアドレス定義

```
_main_start::
_main:
;test.c:8:       cwr = 0x91;
;       genAssign
;Z80 AOP_SFR for _cwr banked:0 bc:0 de:0
        ld      a,#0x91
        out     (_cwr),a
;test.c:10:              portb = 0x01;
;       genAssign
;Z80 AOP_SFR for _portb banked:0 bc:0 de:0
        ld      a,#0x01
        out     (_portb),a
;test.c:12:      if( porta & 0x02 )
;       genAnd
;Z80 AOP_SFR for _porta banked:0 bc:0 de:0
        in      a,(_porta)
        and     a,#0x02
        jp      z,00103$
00106$:
;test.c:13:              portb = 0x04;
;       genAssign
;Z80 AOP_SFR for _portb banked:0 bc:0 de:0
        ld      a,#0x04
        out     (_portb),a
;       genLabel
00103$:
;       genEndFunction
        ret
_main_end::
        .area   _CODE
```

図 7.4 コンパイラ出力例（一部のみ）

例に示すとおり，sfr at に続いてターゲットとなるアドレスを表記し，さらにつぎの項にプログラムで使用する，sfr ストレージクラスを定義する。

sfr ストレージクラスは，グローバル変数として定義する必要がある。もし，main 関数内でこれらを宣言すると，エラーになる。sfr ストレージクラスを宣言する場合は，main 関数の外側で宣言しなくてはならない。

'=' 演算子（代入演算子）を用いて，定義した sfr ストレージクラスに値を代入することができる。あるいは，sfr ストレージクラスから値を参照することもできる。これらの手続きはそれぞれ，アセンブル時に"OUT"，"IN" 命令に変換される。

例題 7.1 ポートアドレス 1FH 番地に pioad という名称を定義せよ。

【解答】 sfr at   0x1f   pioad;

7.9 インラインアセンブル

7.9.1 インラインアセンブルとその必要性

SDCC は，**インラインアセンブル**（inline assemble）記述が可能である。インラインアセンブルとは，C などの高級言語プログラム内に，アセンブリ言語を直接埋め込むことである。高級言語の表記では実現しない処理がある場合や，処理速度を高める必要がある場合に用いる。

SDCC は，執筆時点ではまだ不完全といわざるを得ない部分が多々ある。しかし，常時，世界中のプログラマによって改訂，改善が行われている。このようなソフトウェアがフリーウェアであることは，大変ありがたいことだ。このような方々に感謝をしつつ，より SDCC が便利に使えるようになることを待ち続けよう。それまでは，不完全な部分をインラインアセンブルで対応することにする。

Z80 プログラミングにおいて，SDCC が現時点で不完全といえる部分は，割込みと絶対アドレッシングである。そのほかにもいくつかあるかもしれない。割込みについては 12 章で，絶対アドレッシングについては，必要あるごとに本文中の随所で述べているので，参照していただきたい。

7.9.2 SDCC での記述方法

SDCC では，_asm から _endasm; で挟まれたアセンブリコードをインラインアセンブルする。下記に例を示す。

```
void intvec( void )
{
    init_devices( );

    _asm
    IVECSET:    LD      A, #0xBF
                LD      I, A
                LD      HL, #0x8D00
                LD      (#0xBF00), HL
    _endasm;
}
```

7.9.3 インラインアセンブリ文法

〔*1*〕 **16 進数定数**　16 進数の定数については，I 部でも紹介しているとおり，Z80 のアセンブリでは一般的表現として，"7AH" のように最後に "H" を付けることになっている。しかし，実際には各アセンブラによって文法が異なる。SDCC のアセンブラは，"#0x7A" のように，数値の最初に "#0x" を付けることになっている。SDCC を含む，C 言語での 16 進数表記が "0x" を付けて表すことに対して異なるので，注意が必要である。

〔*2*〕 **大文字，小文字の区別**　_asm と _endasm; に挟まれたアセンブリコードは，大文字，小文字の区別をしない。すべてを大文字で表現してもよいし，小文字で表現してもよい。本書では，インラインアセンブリコードを原則として大文字で表記することにする。

〔*3*〕 **そ の 他**　その他の一般的な表記方法については，Z80 アセンブリに準拠する。詳細については本書 I 部を参照していただきたい。

7.10　オプション一覧

これまで本文で使用した SDCC のおもなオプション一覧を，**表 7.1** に示す。

表 7.1　SDCC のおもなオプション一覧

オプション	機　　能
-c	コンパイルのみ実行し，アセンブル，リンクは行わない。
-m\<dev\>	\<dev\> に指定するプロセッサのアセンブリコードを出力する。 下記以外にもいくつかの指定が可能。詳細はコマンドヘルプを参照のこと。 \<dev\> 指定：　　　プロセッサ選択 　　z80　　　　Zilog 社 Z80 または互換品 　　pic14　　　Microchip 社 14 ビット PIC（PIC16F84A など） 　　pic16　　　Microchip 社 16 ビット PIC（PIC18F452 など） 　　avr　　　　ATMEL 社 AVR
--no-std-crt0	標準のスタートアップルーチンを使用しない（-mz80 オプション指定時のみ有効）
--xram-loc \<xxxx\>	外部 RAM 使用時の RAM 先頭アドレスを \<xxxx\> に指定。
--code-loc \<xxxx\>	出力する機械語の配置先頭アドレスを \<xxxx\> に指定。

演 習 問 題

【1】 リンクについて説明せよ。

【2】 ライブラリを作成する利点を説明せよ。

【3】 ヘッダファイルを呼び出すプリプロセッサの文はなにか。

【4】 ポインタについて端的に説明せよ。

【5】 SDCCにおけるint型のデータ長は何ビットか。

【6】 SDCCにおいて，sfrストレージクラスで宣言した変数に値を代入したとき，どのようなアセンブリ命令に変換されるか。ただし，コンパイル時の-mオプションは，z80を指定するものとする。

【7】 SDCCにおいて，sfrストレージクラスを宣言するには，グローバル変数として宣言すべきか，それともmain関数の内側に宣言すべきか。

【8】 インラインアセンブルとはなにか。

8

パラレル入出力

8.1 Z80-PIO

　Z80-PIO は，Z80 ファミリーに属するパラレル入出力（parallel input/output）用のインタフェース IC である（図 *8.1*）。Z84C15 については，Z84C20 という Z80-PIO の互換デバイスが内蔵されている。このデバイスを介して入出力を制御することで，外部デバイスとのデータのやりとりを効率的に行うことができる。

　入出力は，**ポート**（port）を介して行われる。Z80-PIO はポート A とポート B の二つを有する。各ポートは，8 ビットのデータ長を有し，**データバス**（data bus）を通して CPU と接続される。それぞれのポートには，データレジスタと制御語レジスタが配置されている。データレジスタは実際に入出力するデータの窓口としての機能を持ち，制御語レジスタはポート動作の設定機能を持つ。

8.1.1 Z84C20 におけるアドレス割当て

　Z84C15 に内蔵されている Z80-PIO 互換デバイス，Z84C20 については，Z80-CPU と内部結線されているので，各ポートは下記に示すとおり，すでに I/O アドレスが割り当てられている。

```
1CH      ポート A のデータレジスタ
1DH      ポート A の制御語レジスタ
1EH      ポート B のデータレジスタ
1FH      ポート B の制御語レジスタ
```

8. パラレル入出力

```
         ┌─────────────┐
      40 │             │ 21
         │   Z80-PIO   │
       1 │             │ 20
         └─────────────┘
```

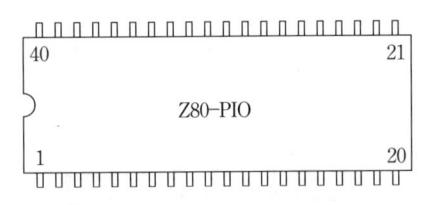

	ピン名称	ピン番号	入出力		ピン名称	ピン番号	入出力
				ポート選択	B/ASEL	6	入
	D0	19		コマンド	$\overline{\text{C/DSEL}}$	5	入
	D1	20		データ選択			
	D2	1		チップイネー	$\overline{\text{CE}}$	4	入
データバス	D3	40	入・出	ブル			
	D4	39		マシンサイクル1	$\overline{\text{M1}}$	37	入
	D5	38		I/Oリクエスト	$\overline{\text{IORQ}}$	36	入
	D6	3		リードデータ	$\overline{\text{RD}}$	35	入
	D7	2					
	A0	15		割込み要求	$\overline{\text{INT}}$	23	出
	A1	14		割込み有効(入力)	IEI	24	入
	A2	13		割込み有効(出力)	IEO	22	出
ポートA	A3	12		レジスタ	ARDY	18	出
入出力	A4	10	入・出	A レディ			
	A5	9		ポートA	$\overline{\text{ASTB}}$	16	入
	A6	8		ストローブ			
	A7	7					
	B0	27		レジスタB	BRDY	21	出
	B1	28		レディ			
	B2	29		ポートB	$\overline{\text{BSTB}}$	17	入
ポートB	B3	30		ストローブ			
入出力	B4	31	入・出	システム	ϕ	25	入
	B5	32		クロック			
	B6	33		電源	+5V	26	—
	B7	34			GND	11	

図 *8.1* Z80-PIO ピン配置（トップビュー）

8.1.2 モ ー ド

Z80-PIO は，四つの動作モードを持ち，用途に合わせて選択できるようになっている．モードはポートごとに設定することが可能である．

〔1〕 モ ー ド 0　　対象ポートの全ビットを出力とするモードである．

〔2〕 モ ー ド 1　　対象ポートの全ビットを入力とするモードである．

〔3〕**モード 2**　対象ポートを双方向入出力とするモードである。

〔4〕**モード 3**　ビットモードと呼ばれ，ビットごとに入出力の方向を定めることができるモードである。

8.1.3　制御語レジスタ

ポートのモードや入出力方向は，制御語レジスタに制御語（control word）を書き込むことで設定する。

制御語レジスタは，A, B それぞれのポートに一つしか存在しない。したがっ

D7	D6	D5	D4	D3	D2	D1	D0

[X,X]:1,0どちらでもよい
[1,1,1,1]:すべてつねに1

[0,0]:モード0（出力）
[0,1]:モード1（入力）
[1,0]:モード2（双方向）
[1,1]:モード3（ビット）

(a)　モード設定

D7	D6	D5	D4	D3	D2	D1	D0

それぞれのビット設定はポートの各ビットに対応する
[0]:出力
[1]:入力

(b)　入出力方向設定

V7	V6	V5	V4	V3	V2	V1	D0

つねに[0]に設定

割込みベクトル下位バイトを設定

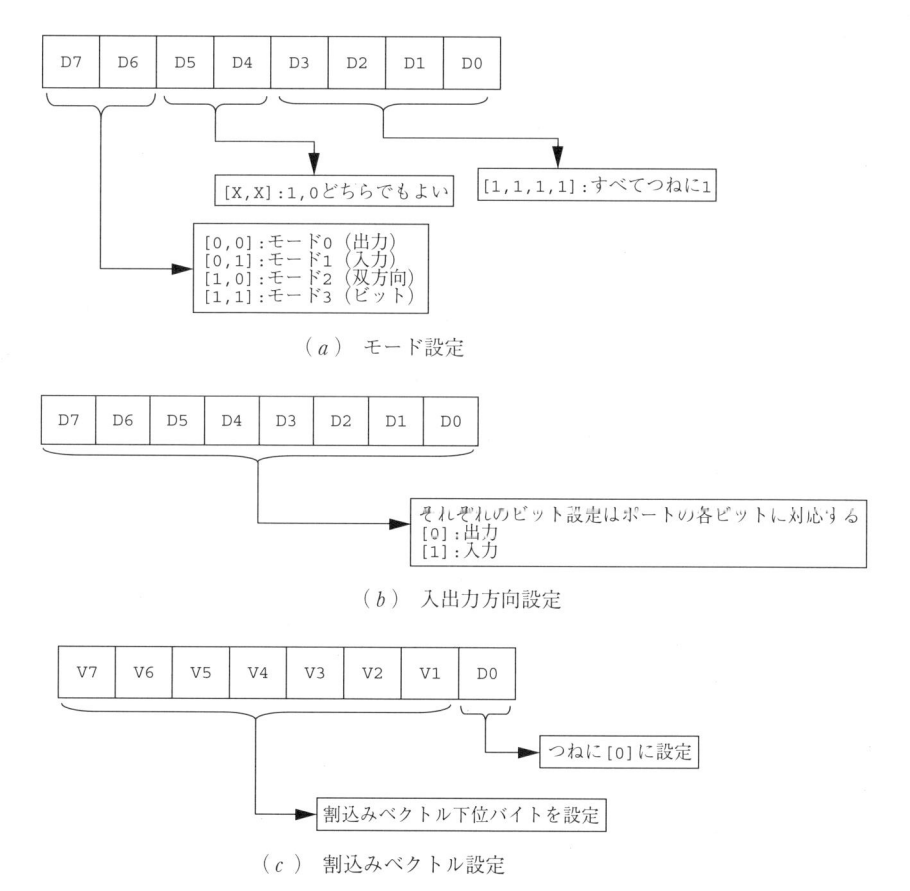

(c)　割込みベクトル設定

図 8.2　Z80-PIO の制御語レジスタ機能

120　　8. パラレル入出力

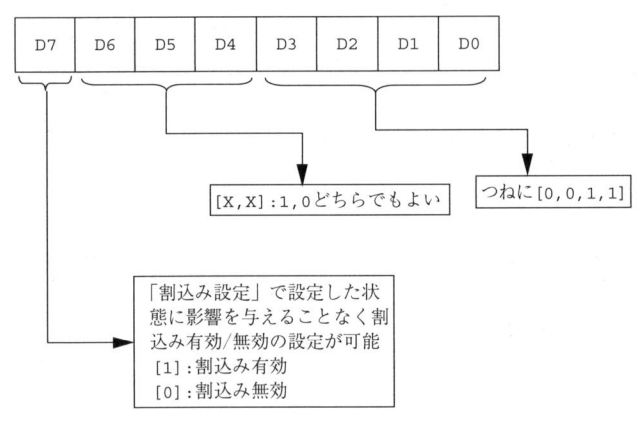

| D7 | D6 | D5 | D4 | D3 | D2 | D1 | D0 |

[X,X]:1,0どちらでもよい （D3,D2）
つねに[0,0,1,1]（D1,D0は…実際にはD3-D0のうち下位）

D7:
「割込み設定」で設定した状態に影響を与えることなく割込み有効/無効の設定が可能
[1]:割込み有効
[0]:割込み無効

(d) 割込み制御設定

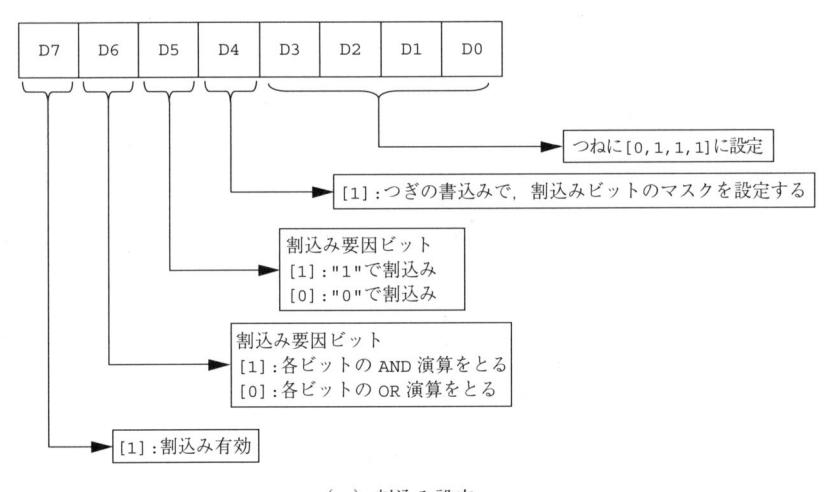

| D7 | D6 | D5 | D4 | D3 | D2 | D1 | D0 |

つねに[0,1,1,1]に設定

[1]:つぎの書込みで，割込みビットのマスクを設定する

割込み要因ビット
[1]:"1"で割込み
[0]:"0"で割込み

割込み要因ビット
[1]:各ビットの AND 演算をとる
[0]:各ビットの OR 演算をとる

[1]:割込み有効

(e) 割込み設定

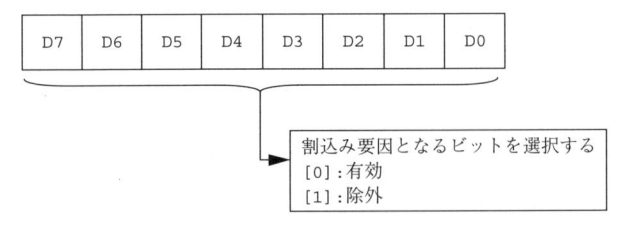

| D7 | D6 | D5 | D4 | D3 | D2 | D1 | D0 |

割込み要因となるビットを選択する
[0]:有効
[1]:除外

(f) 割込みビットのマスク設定

図 8.2　（つづき）

て，複数の設定は，必然的に同一のレジスタで共有することになる。制御語レジスタは，制御語の書込み順序（正しくは，特定ビットの内容）によって，自身の機能を変化させてゆく。

制御語レジスタの持つ機能は，以下のとおりである（図 **8.2**）。

〔**1**〕**モ ー ド**　8.1.2 項で述べた，PIO のモードを設定するコマンドである。

制御語レジスタのビット 0〜ビット 3 がすべて 1 であるとき，モード設定と見なされる。ビット 6 とビット 7 の組合せで，モードが決定される。

モード 3（ビットモード）を指定した場合，つぎに制御語レジスタに書き込む内容は，PIO におけるビットごとの入出力方向設定（ビット制御，bit I/O direction control）と見なされる。例えば，制御語レジスタのビット 5 を 1，ビット 4 を 0 とした場合，PIO の入出力ビットは，ビット 5 が入力，ビット 4 が出力として設定される。

〔**2**〕**割込みベクトル**　ビット 0 が 0 であるとき，制御語レジスタに書き込まれている内容は，割込みベクトルと見なされる。したがって，割込みベクトルを Z80-PIO に設定する場合は，ビット 0 を 0 にする必要がある。

なお，この設定が有効なのは，Z80 の割込みモードをモード 2 で実行する場合である。

〔**3**〕**割込み制御**　PIO から CPU に対して割込み要求を発生する条件設定を行うことができる。この設定は，モード 3 において有効である。

モード 3 では，ビットごとに割込みの可否を設定することができる。

マスクしたビットが 0 のときに割込み要求を発生させる（ローアクティブ）のか，あるいは 1 のときに割込み要求を発生させる（ハイアクティブ）のかを選択できる。

また，マスクしたビットのすべて（AND）がアクティブのときに割込み要求を発生させるのか，あるいはマスクしたビットのいずれか（OR）がアクティブのときに割込み要求を発生させるのかを選択できる。

8.1.4 データレジスタ

データをポートに出力する，あるいはポートからデータを入力する場合は，データレジスタを介して行う。つまり，アセンブリコードにおける OUT もしくは IN 命令による手順である。

例えば，8.1.3項〔1〕で示した手順によって，モード3を設定したとすれば，ビットモードとなり，ビット単位で入出力方向を定義することができる。

SDCCにおいて，入出力の記述は簡素である。データレジスタのポートアドレスが pioad，入出力で扱う変数を data とすると，入力であれば

    data = pioad;

となり，逆に出力であれば

    pioad = data;

となる。

つまり，入力ではポートアドレス pioad から取り込んだ値を変数 data に格納，出力では変数 data の値をポートアドレス pioad に書出しする作業を意味する。

データレジスタの上位4ビットが入力，下位4ビットが出力に設定されているとする。この場合にデータレジスタからデータを入力することを考えてみよう。

下位4ビットは出力に設定されていることから，変数に読み込んだとしても値は保障されない。このような場合は，**ビットマスク**（bit mask）という手法が有効である。

ビットマスクとは，特定のビットを一意的に0にする方法である。値を残しておきたいビットを1，0にしたいビットに0を羅列した**マスク値**を用意し，原データとマスク値との間でビット論理積演算を施す（**図 8.3**）。

こうすると，不要なビットは強制的に0になるので，データが不定になることはない。

ここでの例では，下位4ビットについては，読み込んでも値が不定であるので，この部分にビットマスクをかける。つまり

図 8.3 ビットマスク

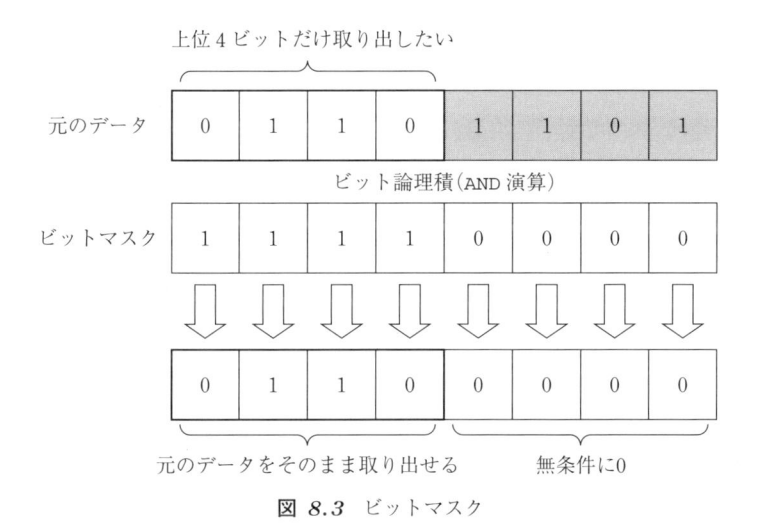

```
data = pioad & 0xf0;
```

とすることで，変数 data には下位 4 ビットが強制的に 0 となった値が取り込まれる．

8.2 **8255A**

8255A は，パラレル入出力用のインタフェース IC である（**図 *8.4***）．8255A は一般的に，PPI（programmable peripheral interface）と呼ばれる．Z84C15 には内蔵されていないが，取扱いが比較的容易なので紹介する．

Z80-PIO とは異なり，ビット単位での入出力の方向設定はできない．元来は，8080CPU の PIO として市場に出荷されていたものだが，Z80-PIO よりも扱いが容易ということで，広く用いられてきた．

8255A は，ポート A，ポート B，ポート C の 3 ポート有する．各ポートは 8 ビットで構成されている．ポートの取扱いについては，モード 0 〜 2 の三つのモードから選択できる．

それぞれのモードには，以下の機能がある．

8. パラレル入出力

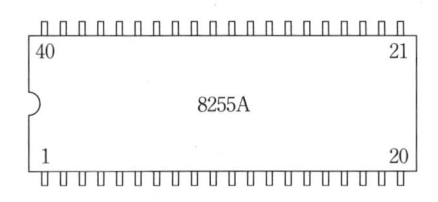

```
        ┌──────────────┐
        │40          21│
        │              │
        │    8255A     │
        │              │
        │1           20│
        └──────────────┘
```

	ピン名称	ピン番号	入出力		ピン名称	ピン番号	入出力
データバス	D0	34	入・出	ポートB	PB4	22	入/出
	D1	33			PB5	23	
	D2	32			PB6	24	
	D3	31			PB7	25	
	D4	30		ポートC	PC0	14	入/出
	D5	29			PC1	15	
	D6	28			PC2	16	
	D7	27			PC3	17	
ポートA	PA0	4	入/出		PC4	13	入/出
	PA1	3			PC5	12	
	PA2	2			PC6	11	
	PA3	1			PC7	10	
	PA4	40		リードデータ	$\overline{RD}$	5	入
	PA5	39		チップセレクト	$\overline{CS}$	6	入
	PA6	38		ライトデータ	$\overline{WR}$	36	入
	PA7	37		リセット	RESET	35	入
ポートB	PB0	18	入/出	アドレス指定	A1	8	入
	PB1	19			A0	9	
	PB2	20		電源	V_{CC}	26	───
	PB3	21			GND	7	

図 8.4 8255Aのピン配置（トップビュー）

8.2.1 モード0（ハンドシェイクなし単方向入出力）

　ポートA～Cの各ポートを，単に入出力ポートとして使用するモードである。後述する，外部回路とのハンドシェイク（hand shake）機能は有さない。
　Z80-PIOのようにビットごとに入出力の方向を定義することはできない。モード0においては，ポート単位で入出力方向を定義することになる。ただし，Cポートだけは特殊で，上位4ビットと下位4ビットの半分ずつに分け，それぞれ入出力方向を定義することができる。

8.2.2 モード1（ハンドシェイク付き単方向入出力）

ポートCをハンドシェイクおよび割込み要求（interrupt request）用として使用するモードである．したがって，ポートCは入出力ポートとして使用することができない．ポートAとポートBは，ハンドシェイク機能を有する8ビットポートとして使用できる．このとき，モード0の場合と同様，ポート単位で入出力方向を定義する．

8.2.3 モード2（ハンドシェイク付き双・単方向入出力）

双方向入出力をあわせ持つモードである．

ポートAについてはハンドシェイク機能を有する双方向入出力ポートとして使用する．ポートBについてはモード0またはモード1と同様に機能する．

入出力方向を定義するためには，制御語レジスタに制御語を書き込む．制御

```
D7  D6  D5  D4  D3  D2  D1  D0
```

ポートCのビットセット/リセット（ビット選択）
[0,0,0]：PC0
[0,0,1]：PC1
[0,1,0]：PC2
[0,1,1]：PC3
[1,0,0]：PC4
[1,0,1]：PC5
[1,1,0]：PC6
[1,1,1]：PC7

ポートBの入出力方向設定
[1]入力
[0]出力

○ポートC上位の入出力方向設定
[1]入力
[0]出力

○リセット/セット
[1]セット
[0]リセット

グループBのモード指定
[0]モード0
[1]モード1

ポートC上位の入出力方向設定
[1]入力
[0]出力

ポートAの入出力方向設定
[1]入力
[0]出力

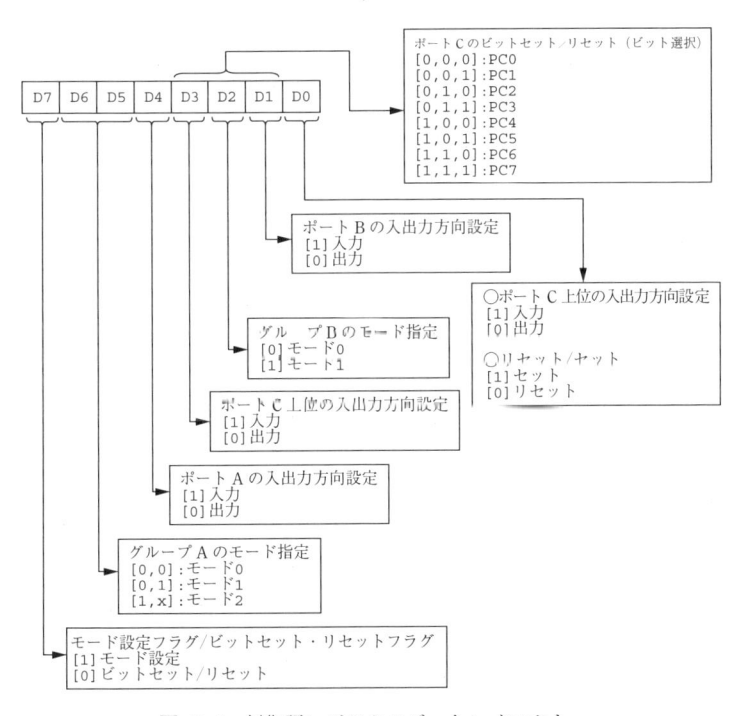

グループAのモード指定
[0,0]：モード0
[0,1]：モード1
[1,x]：モード2

モード設定フラグ/ビットセット・リセットフラグ
[1]モード設定
[0]ビットセット/リセット

図 **8.5** 制御語レジスタのビットレイアウト

語レジスタは8ビットで構成されており、ビットごとに設定要素が定められている。図 *8.5* に、制御語レジスタのビットレイアウトを示す。

データの入出力は、データレジスタ（ポート）を介して行う。制御語レジスタによって、モードと各ポートの入出力方向が定まったら、データレジスタへの OUT 命令、もしくはデータレジスタからの IN 命令によって入出力が可能となる。

8.3 プログラミング

8.3.1 Z80-PIO の場合

Z80-PIO を用いたプログラミングを行う上では、初期化する際の、制御語レジスタに制御語を書き込む順序が重要になってくる。一般的な初期化フローを図 *8.6* に示す。

初期化フローでは、おおまかに並べて
1）モード設定
2）モード3におけるビット制御
3）割込みベクトルの設定
4）割込み制御語の設定

という順序になっている。

例えば、単純に、割込みを必要とせず、モード3（ビットモード）で制御する場合は、2段階の設定だけでよい。まず、制御語レジスタにビットモードを表す制御語を設定する。続いて、ビット制御設定で、ビットごとに入出力方向を設定すればよい。入力であれば1、出力であれば0を設定する。

割込みを使用する場合は、ビット制御設定に続いて割込みベクトルを設定する。割込みベクトルとは、割込みルーチンの先頭アドレス下位バイトのことである。さらに、割り込み制御設定と続く。

モード3を使用し、PIOのポートBの入力データを、ポートAに出力するプログラムの一例を、図 *8.7* に示す。

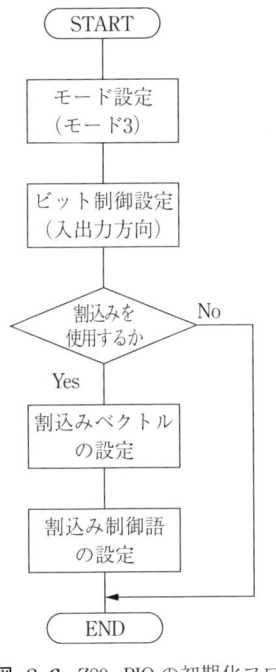

図 8.6 Z80-PIO の初期化フロー
（モード 3 の場合）

```
sfr at 0x1c    pioad;
sfr at 0x1d    pioac;
sfr at 0x1e    piobd;
sfr at 0x1f    piobc;

void pioinit( void );

void main( void )
{
    pioinit( );

    while( 1 )
    {
        pioad = piobd;
    }
}

void pioinit( void )
{
    pioac = 0xcf;
    pioac = 0x00;
    piobc = 0xcf;
    piobc = 0xff;
}
```

図 8.7 Z80-PIO モード 3 使用例

なお，割込みについての詳細は，11 章を参照していただきたい。

例題 8.1 Z80-PIO（Z84C20）に関して，モード 3（ビットモード）において，ポート A の上位 4 ビットを入力，下位 4 ビットを出力に設定する場合，制御語レジスタにどのような制御語を設定すればよいか。必要な制御語を表現せよ。

【解答】 2 段階の制御語設定が必要となる。
第 1 段階　モード 3 を指定する制御語　　　CFH
第 2 段階　ビットごとの入出力方向設定　　　F0H　　　　◇

8.3.2 8255A の場合

図 8.8 は，アセンブリで記述したポート制御の一例である。これを C 言語

```
            ORG      8000H
CWR         EQU      0F3H
START:      LD       A,91H
            OUT      (CWR),A
            END
```

図 8.8 制御語の設定例（アセンブリ）

```
sfr at 0xf3   cwr;
void main( void )
{
    cwr = 0x91;
}
```

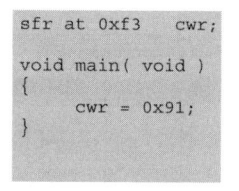

図 8.9 制御語の設定例（C言語）

で記述すると，図 8.9 のようになる。ここでは，モード0において，ポートAを入力，ポートBを出力，ポートCの上位4ビットを出力，そして下位4ビットを入力とする例を挙げる。

例題 8.2 8255A に関して，モード0において，ポートAを出力，ポートBを入力，ポートCの全ビットを出力とする制御語を表現せよ。

【解答】 2進数表記で 1000 0010。16進数表記で 0x82 となる。　◇

演 習 問 題

【1】 Z80-PIO を使用して，ポートA下位4ビットの入力を，ポートB上位4ビットに出力する場合のプログラムを作成せよ。ただし，ポートAの制御語レジスタ，ポートAのデータレジスタ，ポートBの制御語レジスタ，ポートBのデータレジスタは，つぎのようにポートアドレスを sfr ストレージクラスにより割り当てること。

問表 8.1

レジスタ	アドレス	ストレージクラス
ポートAのデータレジスタ	1CH	pioad
ポートAの制御語レジスタ	1DH	pioac
ポートBのデータレジスタ	1EH	piobd
ポートBの制御語レジスタ	1FH	piobc

【2】 8255A を使用して，ポートA全ビットの入力をポートBに出力し，ポートC下位4ビットの入力をポートC上位4ビットに出力するプログラムを作成せよ。ただし，ポートAのデータレジスタ，ポートBのデータレジスタ，ポートC

のデータレジスタ，制御語レジスタは，つぎのようにポートアドレスを sfr ストレージクラスにより割り当てること。

問表 8.2

レジスタ	アドレス	ストレージクラス
ポート A のデータレジスタ	20H	porta
ポート B のデータレジスタ	21H	portb
ポート C のデータレジスタ	22H	portc
制御語レジスタ	23H	cwr

9

CTC

9.1 Z80-CTC の概要

Z80-CTC は，Z80 ファミリーに属する重要な周辺デバイスである。Z84C15 については，Z84C30 という Z80-CTC 互換のデバイスが内蔵されている。

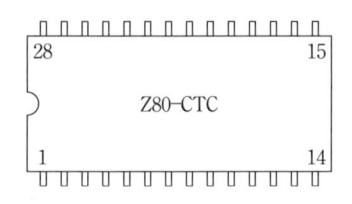

	ピン名称	ピン番号	入出力		ピン名称	ピン番号	入出力
データバス	D0	25	入・出	割込み	INT ENABLE OUT	11	出
	D1	26			$\overline{\text{INT}}$	12	出
	D2	27			INT ENABLE IN	13	入
	D3	28		制御信号バス	$\overline{\text{CE}}$	16	入
	D4	1			CS0	18	
	D5	2			CS1	19	
	D6	3			$\overline{\text{M1}}$	14	
	D7	4			$\overline{\text{IORQ}}$	10	
タイマ出力	ZC/TO0	7	出		$\overline{\text{RD}}$	6	
	ZC/TO1	8		電源	GND	5	—
	ZC/TO2	9			+5V	24	
トリガ入力	CLK/TRG0	23	入	クロック	CLOCK	15	入
	CLK/TRG1	22		リセット	$\overline{\text{RESET}}$	17	
	CLK/TRG2	21					
	CLK/TRG3	20					

図 **9.1** Z80-CTC のトップビュー

CTCとはカウンタタイマ回路（counter-timer circuit）のことで、さまざまな面で利用価値があるデバイスである。名称が意味するとおり、このデバイスにはカウンタが内蔵されており、システムクロックの使用によりタイマ機能もあわせ持つ。

CTCは、割込みと組み合わせて使用することが多い。例えば、カウンタとして使用する場合は、外部トリガパルスによってダウンカウンタの値が0になったとき、CPUに対して割込み要求を発生する。タイマであれば、タイマの値が0になったときに割込み要求を発生する。この要素を応用することで、一定周期のクロック信号を生成したり、遅延時間を任意につくったりすることができる。

Z80-CTCは、4チャネルのカウンタタイマ回路を内蔵する。本書ではそれぞれ、CTC0〜CTC3という名称で識別することにする。以降、チャネルを特定しない場合はCTCnという表記をする。

図 *9.1* に、Z80-CTCのトップビューを示す。

■ Z84C15におけるI/Oアドレス割当て

Z84C15に内蔵されているZ80-CTC互換デバイス、Z84C30については、Z80-CPUと内部結線されているので、各チャネルはすでにポートとして、つぎのようにI/Oアドレスが割り当てられている。

  10H チャネル0
  11H チャネル1
  12H チャネル2
  13H チャネル3

9.2 チャネル制御語と時定数、カウント値、割込みベクトル

Z80-CTCは、チャネルごとにチャネル制御語や時定数（time constant）を設

定することができる．これらはすべてチャネル（channel）ごとに与えられた同一のポート，CTCn を使用する．

加えて，割込みベクトルの設定も同一のポートで行う．ただし，ユーザがチャネルごとに割込みベクトルを設定する必要はない．Z80-CTC は，割込みを発生させるチャネルごとに，割込みベクトルを自動的に割り当てる．

同一のポートでさまざまな設定を兼用する上では，書き込む順序が重要になってくる．順序により，書込み内容の意味が異なってくるからである．CTC 初期化の一般的な書込み手順については，9.4 節を参照していただきたい．

9.3 CTC のモード

Z80-CTC には，カウンタモードとタイマモードの二つのモードが存在する．

9.3.1 カウンタモード

カウンタモードは，外部クロック入力（CLK／TRGn，n はチャネル番号）端子のパルスをカウントするモードである．時定数として設定するカウント値（8 ビットデータ）を，ダウンカウントし，それが 0 に達したとき，ゼロカウント（ZC／TOn）端子から"H"が出力される．

9.3.2 タイマモード

タイマモードは，システムクロックまたは外部クロックをトリガパルスとして，内蔵カウンタをタイマとして使用するモードである．

システムクロックをトリガパルスとして使用する場合，クロックは**プリスケーラ**（prescaler）を介して入力される．プリスケーラとは簡単にいえばカウンタで，入力クロックのパルス数が一定の値に達したときに，信号を出力するものである．プリスケーラは，タイマのレジスタ長が小さいときに必要性を発揮する．例えば Z80-CTC のデータレジスタ長は，8 ビットである．この場合，入力クロックのパルス数が 256 に達すれば，カウント値は 0 になる．たった

256 パルスでワンサイクルが終了してしまうことになり，処理の周期を長くする必要がある場合は，クロック周波数が高いと使い物にならない。

　これを解消するのがプリスケーラである（図 *9.2*）。Z80-CTC の内蔵カウンタの前段にプリスケーラを配置する。例えばプリスケーラが 16 進カウンタと同様の機能を持つ場合（プリスケーラ値，prescaler value），入力クロックのパルス数が 16 に達したときに，内蔵カウンタに 1 パルスを入力する。こうすることで，内蔵カウンタに入力されるクロックは，16 パルスに 1 回だけに限られ，レジスタ長を大きくすることなく，クロック速度の速い入力に対応できるようになる。

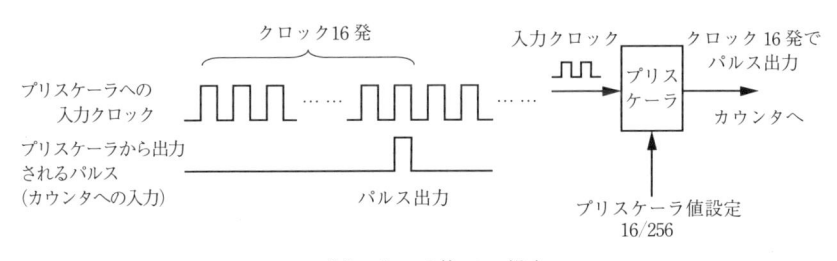

図 *9.2*　プリスケーラ概要

9.4　書　込　み　手　順

9.4.1　フ　ロ　ー

CTC は一般的に，図 *9.3* に示す手順で初期化される。

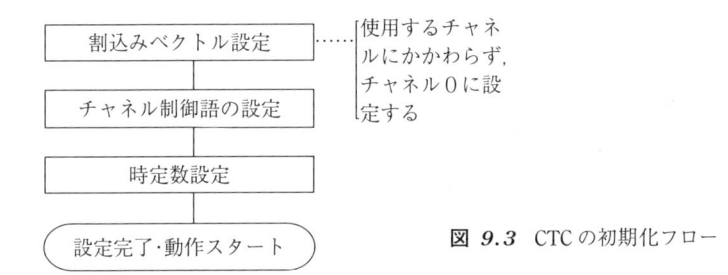

図 *9.3*　CTC の初期化フロー

9.4.2 チャネル制御語の設定

前述のとおり，すべての設定は，チャネル制御語をチャネルごとのポート，CTCnに書き込むことで行われる．チャネル制御語は8ビットで表され，ビットごとに，**図9.4**に示す役割が割り当てられている．

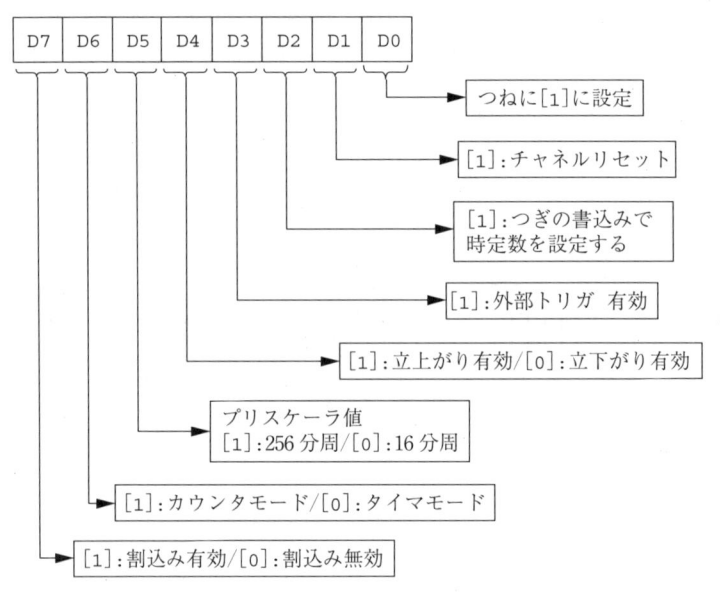

```
  D7  D6  D5  D4  D3  D2  D1  D0
                           ├──→ つねに[1]に設定
                       ├──────→ [1]:チャネルリセット
                   ├──────────→ [1]:つぎの書込みで
                                 時定数を設定する
               ├──────────────→ [1]:外部トリガ 有効
           ├──────────────────→ [1]:立上がり有効/[0]:立下がり有効
       ├──────────────────────→ プリスケーラ値
                                 [1]:256分周/[0]:16分周
   ├──────────────────────────→ [1]:カウンタモード/[0]:タイマモード
├──────────────────────────────→ [1]:割込み有効/[0]:割込み無効
```

図9.4 チャネル制御語

チャネル制御語を設定する際は，図に示すように，ビット0をつねに1にしておかなくてはならない．

〔1〕**割込み有効** CTCによる割込み要求は，各チャネルについて，カウント値が0になったときに発生する．この動作を有効にするには，ビット7を1にする．0にすると無効になる．

〔2〕**モードの設定** 前述のとおり，Z80-CTCは，カウンタ機能とタイマ機能をあわせ持っている．これらはモード設定により選択される．前者をカウンタモード（counter mode），後者をタイマモード（timer mode）と呼ぶ．

モードは，チャネル制御語のビット6を設定することで決められる．ビット6を1にするとカウンタモード，0にするとタイマモードに設定される．

カウンタモードおよびタイマモードの詳細については，9.3節に詳細を述べているので，参照していただきたい。

〔3〕 **プリスケーラ選択**　Z80-CTCのプリスケーラは，トリガパルス（システムクロック）の周期を16倍あるいは256倍にすることができる。この周期の倍数を，プリスケーラ値と呼ぶ（9.3.2項参照）。

プリスケーラ値は，チャネル制御語のビット5で選択できる。プリスケーラはタイマモードでのみ有効である。ビット5を1にするとプリスケーラ値が256に，0にするとプリスケーラ値が16に設定される。

〔4〕 **エッジ選択**　トリガパルスを立上がりで検出するのか，あるいは立下がりで検出するのかを選択できる。この選択は，チャネル制御語のビット4で行う。1にすると立上がりで，0にすると立下がりでそれぞれ検出する。

〔5〕 **タイマトリガ選択**　タイマをカウントするトリガを，システムクロックあるいは外部クロックから選択できる。この選択は，ビット3で行う。タイマモードでのみ有効である。1にすると外部クロックを，0にするとシステムクロックをそれぞれ選択する。

〔6〕 **時定数設定準備**　ビット2を1にすると，時定数を設定する状態に移行する。

前述のとおり，CTCの各種設定はすべて，チャネルごとに与えられた同一のポートで行う。時定数の設定も同様で，現在，チャネル制御語を書き込んでいるこのポートに書くことになる。

ビット2が1であることで，つぎに書き込まれる内容が，時定数であると見なされる。0であれば，時定数とは見なされない。

〔7〕 **リセット**　ビット1を1にすることによって，当該チャネルはリセットされる。リセットによって，現在，制御語を書き込んでいるチャネルは動作停止となる。

9.4.3　時定数の設定

チャネル制御語の設定後は，時定数を設定する。時定数とはダウンカウンタ

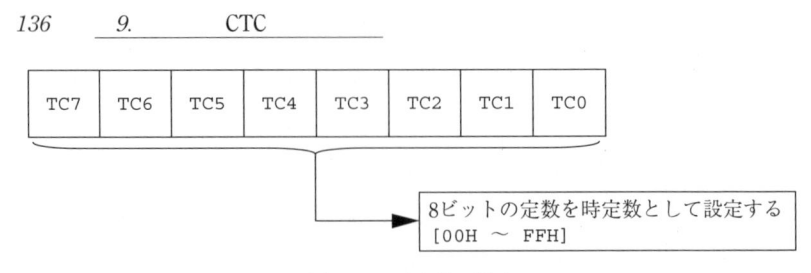

136   9.　CTC

```
| TC7 | TC6 | TC5 | TC4 | TC3 | TC2 | TC1 | TC0 |
```

8ビットの定数を時定数として設定する
[00H ～ FFH]

図 9.5　時定数の設定

に与える初期値のことである．CTCのデータレジスタは8ビットであるので0～255の値を与える．この値はチャネルごとに設定することができる（図 9.5）．

初期値0が与えられた場合は，時定数は256であると見なす．これについては，以下に詳細を述べているので参照していただきたい．

時定数の設定によって，CTCがどのように動作するのかを，モード別に説明する．

〔1〕 **カウンタモードの場合（図 9.6）**　　外部クロック（CLK/TRGn 端子）入力の立上がり，あるいは立下がりエッジの数をカウントする．ダウンカウント動作であるので，クロックのエッジを検出するたびに，カウンタの値を1ずつ減じていく．

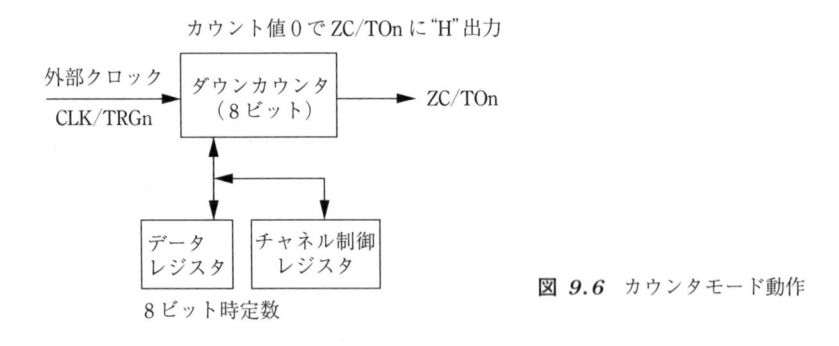

カウント値0でZC/TOnに"H"出力

外部クロック　→　ダウンカウンタ　→　ZC/TOn
CLK/TRGn　　　（8ビット）

　　　　　↕
データレジスタ　　チャネル制御レジスタ
8ビット時定数

図 9.6　カウンタモード動作

初期値0，つまり時定数が256の場合は，最初の減算でデータレジスタの値が255となるところからダウンカウントしていく．つまり，初期値0は与えられる時定数の最大値であることに注意しなくてはならない．

ダウンカウンタが0に達すると，ZC/TOn端子から"H"が出力される．た

だし，チャネル3を除く。Z80-CTCにおいて，ZC/TO0～ZC/TO2端子は用意されているものの，ZC/TO3端子は存在しないからである。

なお，ワンチップマイコンであるZ84C15については，内蔵するCTCが上位互換デバイスであり，ZC/TO3端子を有している。

〔2〕 **タイマモードの場合**（図9.7）　システムクロックまたは外部クロック入力の立上がり，あるいは立下がりエッジの数をカウントする。9.4.2節〔5〕で説明したとおり，カウント動作のトリガをシステムクロックとするのか，または外部クロックとするのかは，チャネル制御語のビット3で選択する。

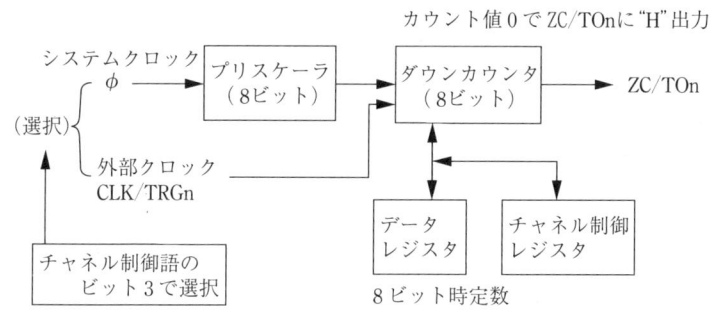

図 9.7 タイマモード動作

カウンタモードと同様に，入力されたクロックによってカウンタの値を1ずつ減じていく。ただし，カウンタモードとは異なり，タイマトリガとしてシステムクロックを選択した場合，システムクロックはプリスケーラを介してダウンカウンタに送られる。

システムクロックあるいは外部クロックのエッジ（立上がり，または立下がり）を検出するたびに，プリスケーラを1ずつカウントする。チャネル制御語のビット5で設定したプリスケーラ値が16であればカウント16に達したとき，256であればカウントが256に達したとき，後段のダウンカウンタを1ずつ減ずる。すなわち，システムクロック選択時においては，カウンタモードに対し，16倍もしくは256倍の周期を得ることができる。

カウンタモードと同様，ダウンカウンタの値が0に達すると，ZC/TOn端子から"H"が出力される。なお，ZC/TOn端子に発生するパルス幅は，システムクロック周期の1.5倍である。

以上から，ZC/TOn端子に発生するパルスの周期T_Zは，システムクロックの周期をT_S，プリスケーラ値をP，時定数をT_Cとすると

$$T_Z = T_S \cdot P \cdot T_C \qquad (9.1)$$

で与えられる。タイマモードは，一定の周期で特定の処理を実行したい場合に利用される。この場合，割込みと併用させるのが一般的である。

9.4.4 割込みベクトルの設定

Z80-CTC（Z84C30）の場合，割込みベクトルを設定できるチャネルは，チャネル0のみである。つまり，どのチャネルで割込みを使用する場合でも，チャネル0に対して割込みベクトルを設定することになる（9.2節参照）。

割込みベクトル設定レジスタについての詳細を，**図 9.8** に示す。

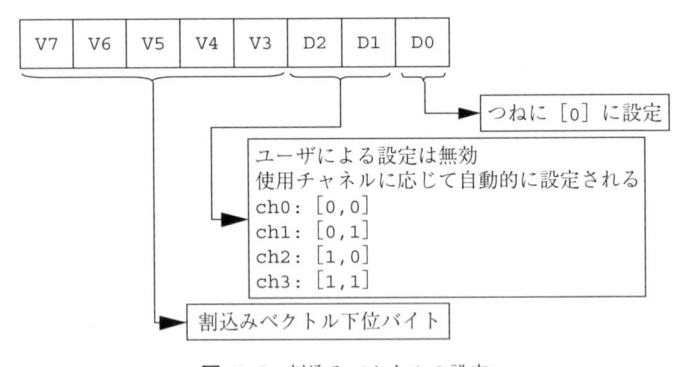

図 9.8 割込みベクトルの設定

9.5 プログラミング

この節では，CTCによるタイマ処理を実現する。ZC/TO0端子から一定周期のパルスを出力させる。パルスの周期は関数に与える引数で設定できるものと

9.5 プログラミング

する。ただし，プリスケーラ値は256とする。

タイマ動作のトリガは，システムクロックを使用する。システムクロックの周波数を8MHzと仮定すると，発生させるパルスの周期 T_Z〔sec〕は

$$T_Z = \frac{1}{8 \times 10^6} \times 256 \times T_C = \frac{32}{10^6} \times T_C \tag{9.2}$$

つまり，$32 T_C$〔$\mu\sec$〕となる。$1 \leq T_C \leq 256$ であるから，周期 T_Z〔$\mu\sec$〕の範囲は

$$32 \leq T_Z \leq 8192$$

となることがわかる。

上記にしたがって得られたプログラム例を，**図 9.9** に示す。

```
// Z80-CTCを使ったパルス発生プログラム
// (単純にZC/TO0端子からパルス発生)
// CTC制御語ビット定義
#define         CTC_INT_ENABLE      0x80
#define         CTC_COUNTER_MODE    0x40
#define         CTC_PRESCALER_256   0x20
#define         CTC_TRIG_UPEDGE     0x10
#define         CTC_EXT_TRIGGER     0x08
#define         CTC_TC_LOAD         0x04
#define         CTC_CHANNEL_RESET   0x02
#define         CTC_CONTROL_WORD    0x01

// CTC アドレス定義
sfr at 0x10    ctc0;
sfr at 0x11    ctc1;
sfr at 0x12    ctc2;
sfr at 0x13    ctc3;

void   set_period( int pe );

void main( void )
{
    set_period( 32 ),           // 時定数[μsec]

    while( 1 )
        ;
}

void set_period( int pe )
{
    ctc0 = CTC_PRESCALER_256 | CTC_TRIG_UPEDGE | CTC_TC_LOAD | CTC_CONTROL_WORD;
    ctc0 = pe / 32.0;
}
```

図 9.9 ZC/TO0から一定周期のパルスを出力するプログラム

10

シリアル入出力

10.1 シリアル入出力とは

シリアル入出力（serial input/output, SIO）とは，データを時系列的に配置し，パケットと呼ばれるデータ単位にまとめて送受信する方法である．データのビット数だけ信号線を必要とするパラレル入出力とは異なり，少ない信号線で通信が可能である．パケットの範囲を定めるために，受信側と送信側の両方でデータの通信方法について規約を定めなければならない．この規約を**プロトコル**（protocol）と呼ぶ．シリアル通信をZ80で実現するためには，Z80-SIOというデバイスを用いる．なお，Z80-SIOについては，近年その利用がほとんどないことから，ここではZ84C15に内蔵されているZ80-SIO互換デバイス，Z84C4xについて説明する．互換であるので両者に大きな差異はないが，若干の差異が混乱を招く可能性もあるので，あえてZ84C4xに限定した．

10.2 Z84C15内蔵SIO，Z84C4xの概要

Z80でシリアル通信を行う上では，過去においてはZ80-SIOを使用することが多かった．しかし，近年では，周辺デバイスとZ80-CPUをワンチップ化した，Z84C15に代表されるLSIが多く流通し，広く使用されている．Z84C15は，表6.1に示すとおり，周辺デバイスをワンチップに集約し，内部結線したものである．Z84C15については，Z84C4xというZ80-SIO互換デバイスが内蔵されている．Z84C4xは，チャネルAとチャネルBの2チャネルを有している．チャ

ネルとはシリアル入出力端末のことで，Z84C4x が二系統のシリアル入出力機能を備えていることを意味する。

各チャネルには，データレジスタと制御語レジスタが配置されている。データレジスタは実際のデータを入出力する窓口として，制御語レジスタはチャネルの動作制御に使用される。

Z84C15 は Z80-CPU と周辺デバイスを内部結線したワンチップマイコンであるので，A, B 両チャネルに配置されている合計四つのレジスタには，それぞれポートが割り当てられており，下記のとおり I/O アドレスが定義されている。

18H　　チャネル A のデータレジスタ
19H　　チャネル A の制御語レジスタ
1AH　　チャネル B のデータレジスタ
1BH　　チャネル B の制御語レジスタ

10.3　チャネルの初期設定

チャネルの各種設定は，各チャネルの制御語レジスタに制御語を書き込むことで行われる。制御語レジスタは，内包する複数のレジスタで構成されている。チャネル A については七つの，チャネル B については八つの書込みレジスタが存在する。また，各種状態を保持するレジスタとして，チャネル A には二つの，チャネル B には三つの読出しレジスタが存在する。ここでは，書込みレジスタは WR0 〜 WR7，読出しレジスタは RR0 〜 RR2 と表記する。なお，WR2 と RR2 についてはチャネル B のみに有するレジスタである。

なお，後述する割込みに関しては，割込みベクトルを設定する必要がある。WR2 が割込みベクトルを書き込むレジスタであるが，このレジスタは，チャネル B だけに用意されており，チャネル A の割込みベクトル設定と兼用するようになっている。したがって，チャネル A を使用する場合でも割込みベクトルはチャネル B の WR2 に書き込まなくてはならない。

これらレジスタのビットレイアウトを，図 10.1 〜 10.11 に示す。

10. シリアル入出力

コマンドとレジスタポインタ

WR0: D7 D6 D5 D4 D3 D2 D1 D0

コマンド
- [0,0,0]:ノーオペレーション
- [0,0,1]:アボート送信（SDLC）
- [0,1,0]:外部/ステータス割込みのリセット
- [0,1,1]:チャネルリセット
- [1,0,0]:つぎのキャラクタ受信時の割込み有効
- [1,0,1]:保留中の送信割込みをリセット
- [1,1,0]:エラーリセット
- [1,1,1]:RETI（チャネルAのみ）

レジスタポインタ
- [0,0,0]:レジスタ0
- [0,0,1]:レジスタ1
- [0,1,0]:レジスタ2
- [0,1,1]:レジスタ3
- [1,0,0]:レジスタ4
- [1,0,1]:レジスタ5
- [1,1,0]:レジスタ6
- [1,1,1]:レジスタ7

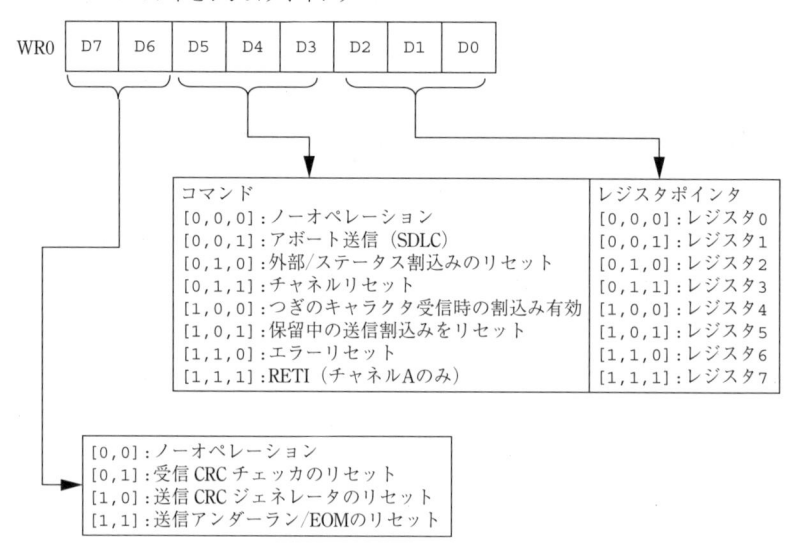

- [0,0]:ノーオペレーション
- [0,1]:受信 CRC チェッカのリセット
- [1,0]:送信 CRC ジェネレータのリセット
- [1,1]:送信アンダーラン/EOMのリセット

図 10.1 書込みレジスタ WR0

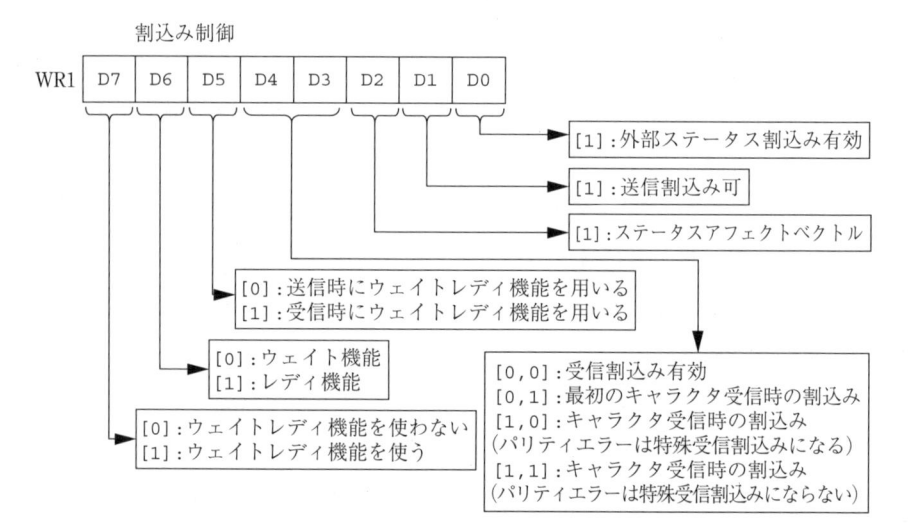

割込み制御

WR1: D7 D6 D5 D4 D3 D2 D1 D0

- [1]:外部ステータス割込み有効
- [1]:送信割込み可
- [1]:ステータスアフェクトベクトル
- [0]:送信時にウェイトレディ機能を用いる
- [1]:受信時にウェイトレディ機能を用いる
- [0]:ウェイト機能
- [1]:レディ機能
- [0]:ウェイトレディ機能を使わない
- [1]:ウェイトレディ機能を使う
- [0,0]:受信割込み有効
- [0,1]:最初のキャラクタ受信時の割込み
- [1,0]:キャラクタ受信時の割込み（パリティエラーは特殊受信割込みになる）
- [1,1]:キャラクタ受信時の割込み（パリティエラーは特殊受信割込みにならない）

図 10.2 書込みレジスタ WR1

10.3 チャネルの初期設定

割込みベクトル
チャネルBのみ

WR2: V7 V6 V5 V4 V3 V2 V1 V0

割込みベクトル下位バイト

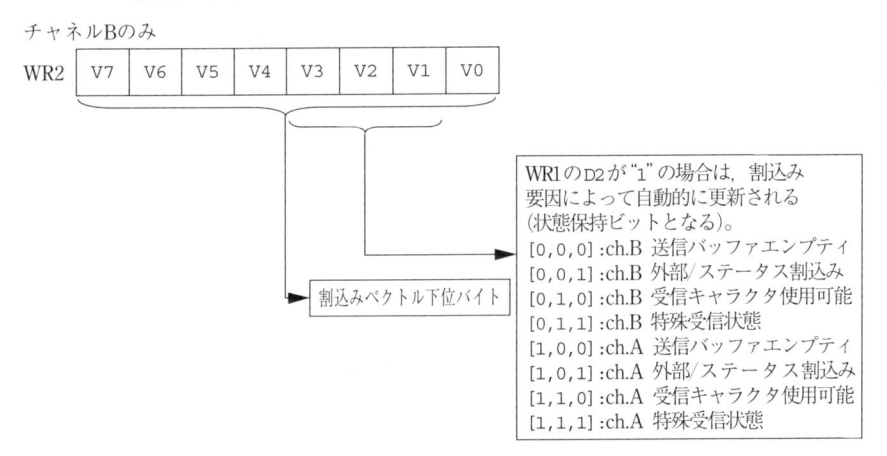

WR1のD2が"1"の場合は，割込み要因によって自動的に更新される（状態保持ビットとなる）。

[0,0,0]:ch.B 送信バッファエンプティ
[0,0,1]:ch.B 外部/ステータス割込み
[0,1,0]:ch.B 受信キャラクタ使用可能
[0,1,1]:ch.B 特殊受信状態
[1,0,0]:ch.A 送信バッファエンプティ
[1,0,1]:ch.A 外部/ステータス割込み
[1,1,0]:ch.A 受信キャラクタ使用可能
[1,1,1]:ch.A 特殊受信状態

図 **10.3** 書込みレジスタ WR2

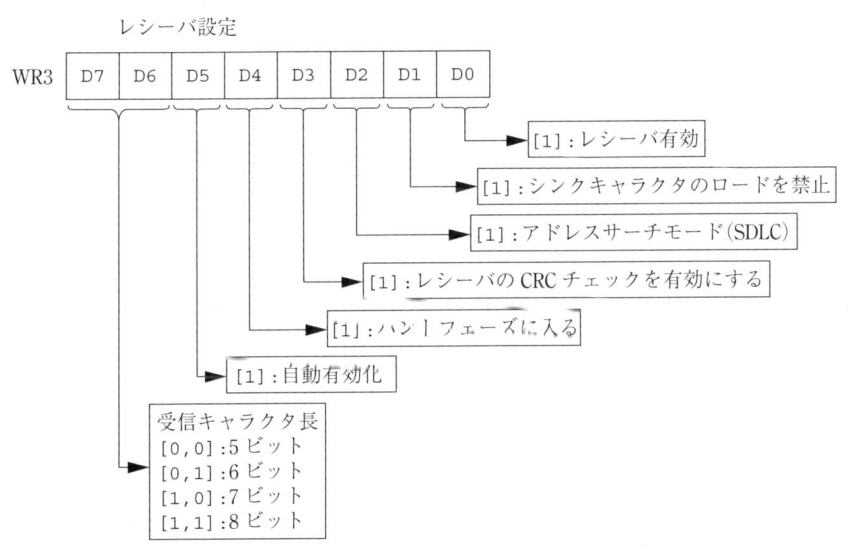

レシーバ設定

WR3: D7 D6 D5 D4 D3 D2 D1 D0

[1]:レシーバ有効
[1]:シンクキャラクタのロードを禁止
[1]:アドレスサーチモード(SDLC)
[1]:レシーバのCRCチェックを有効にする
[1]:ハントフェーズに入る
[1]:自動有効化

受信キャラクタ長
[0,0]:5 ビット
[0,1]:6 ビット
[1,0]:7 ビット
[1,1]:8 ビット

図 **10.4** 書込みレジスタ WR3

144   10. シリアル入出力

通信プロトコル設定

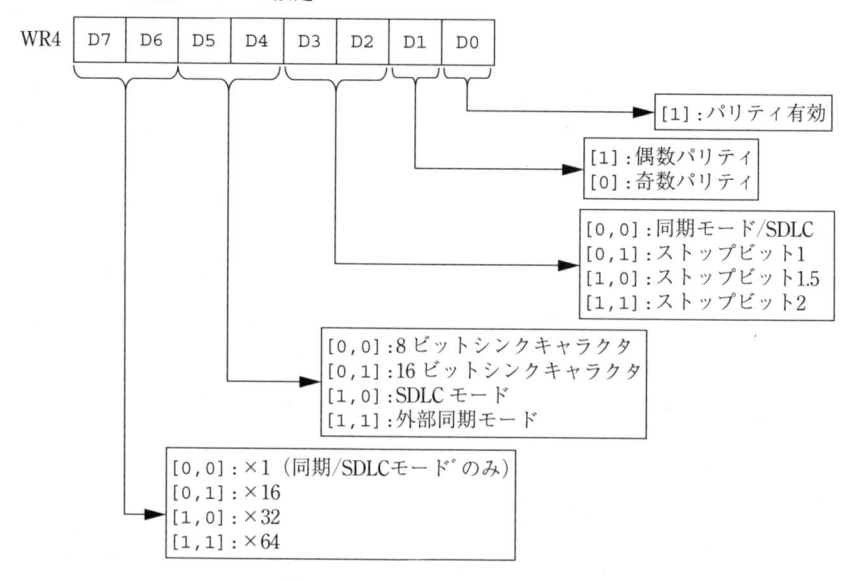

WR4: D7 D6 D5 D4 D3 D2 D1 D0

- D0 → [1]:パリティ有効
- D1 → [1]:偶数パリティ / [0]:奇数パリティ
- D3,D2 →
  - [0,0]:同期モード/SDLC
  - [0,1]:ストップビット1
  - [1,0]:ストップビット1.5
  - [1,1]:ストップビット2
- D5,D4 →
  - [0,0]:8ビットシンクキャラクタ
  - [0,1]:16ビットシンクキャラクタ
  - [1,0]:SDLCモード
  - [1,1]:外部同期モード
- D7,D6 →
  - [0,0]:×1（同期/SDLCモードのみ）
  - [0,1]:×16
  - [1,0]:×32
  - [1,1]:×64

図 **10.5** 書込みレジスタ WR4

トランスミッタ設定

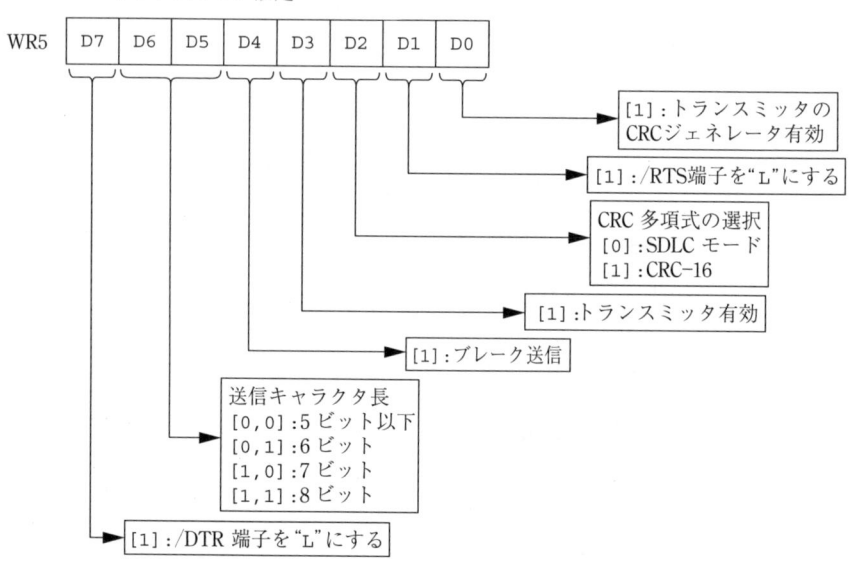

WR5: D7 D6 D5 D4 D3 D2 D1 D0

- D0 → [1]:トランスミッタのCRCジェネレータ有効
- D1 → [1]:/RTS端子を"L"にする
- D2 → CRC多項式の選択 [0]:SDLCモード [1]:CRC-16
- D3 → [1]:トランスミッタ有効
- D4 → [1]:ブレーク送信
- D6,D5 → 送信キャラクタ長
  - [0,0]:5ビット以下
  - [0,1]:6ビット
  - [1,0]:7ビット
  - [1,1]:8ビット
- D7 → [1]:/DTR端子を"L"にする

図 **10.6** 書込みレジスタ WR5

10.3 チャネルの初期設定

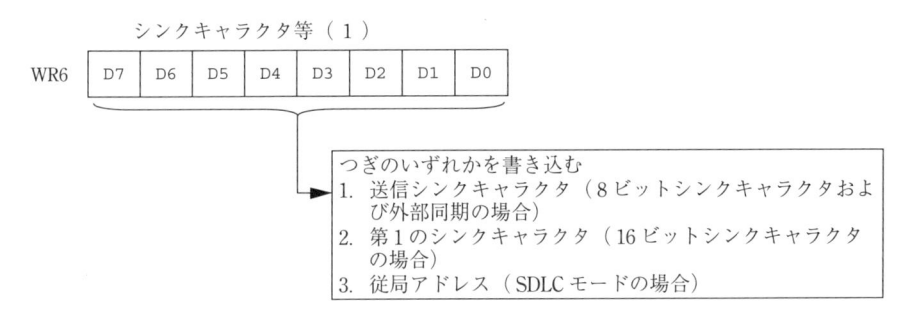

```
          シンクキャラクタ等（1）
WR6   D7  D6  D5  D4  D3  D2  D1  D0
```

つぎのいずれかを書き込む
1. 送信シンクキャラクタ（8ビットシンクキャラクタおよび外部同期の場合）
2. 第1のシンクキャラクタ（16ビットシンクキャラクタの場合）
3. 従局アドレス（SDLCモードの場合）

図 10.7 書込みレジスタ WR6

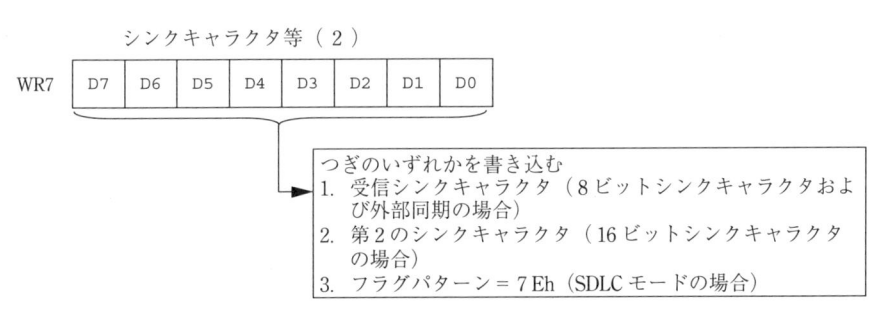

```
          シンクキャラクタ等（2）
WR7   D7  D6  D5  D4  D3  D2  D1  D0
```

つぎのいずれかを書き込む
1. 受信シンクキャラクタ（8ビットシンクキャラクタおよび外部同期の場合）
2. 第2のシンクキャラクタ（16ビットシンクキャラクタの場合）
3. フラグパターン＝7Eh（SDLCモードの場合）

図 10.8 書込みレジスタ WR7

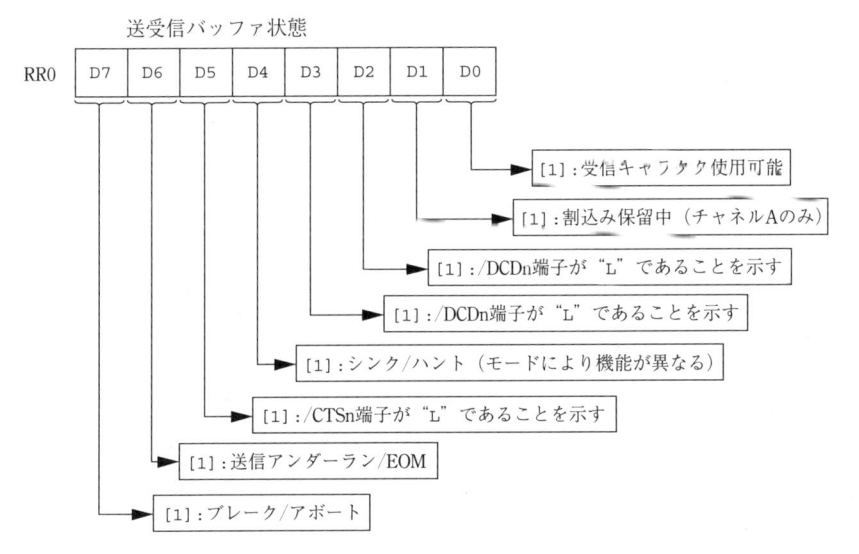

```
          送受信バッファ状態
RR0   D7  D6  D5  D4  D3  D2  D1  D0
```

- [1]：受信キャラクタ使用可能
- [1]：割込み保留中（チャネルAのみ）
- [1]：/DCDn端子が"L"であることを示す
- [1]：/DCDn端子が"L"であることを示す
- [1]：シンク/ハント（モードにより機能が異なる）
- [1]：/CTSn端子が"L"であることを示す
- [1]：送信アンダーラン/EOM
- [1]：ブレーク/アボート

図 10.9 読出しレジスタ RR0

特殊割込み要因等の状態

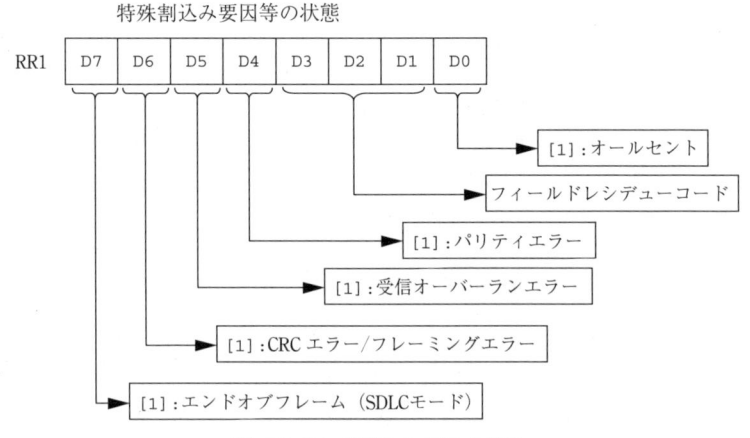

RR1 | D7 | D6 | D5 | D4 | D3 | D2 | D1 | D0 |

- [1]：オールセント
- フィールドレシデューコード
- [1]：パリティエラー
- [1]：受信オーバーランエラー
- [1]：CRC エラー／フレーミングエラー
- [1]：エンドオブフレーム（SDLCモード）

図 10.10　読出しレジスタ RR1

割込みベクトル保持

チャネルBのみ

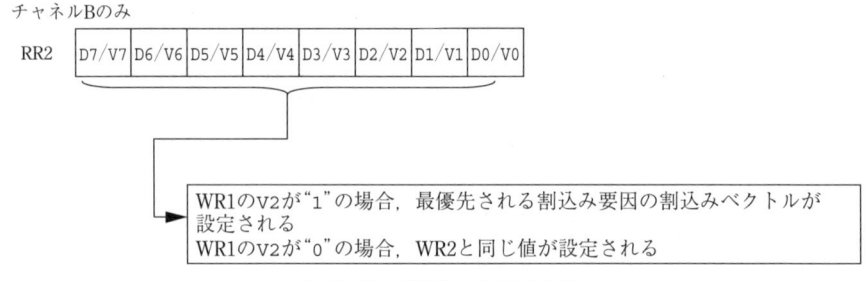

RR2 | D7/V7 | D6/V6 | D5/V5 | D4/V4 | D3/V3 | D2/V2 | D1/V1 | D0/V0 |

WR1のV2が"1"の場合，最優先される割込み要因の割込みベクトルが設定される
WR1のV2が"0"の場合，WR2と同じ値が設定される

図 10.11　読出しレジスタ RR2

　10.2節で述べたとおり，制御語レジスタはチャネルAとチャネルBのそれぞれに用意されており，I/Oアドレスが割り当てられている。ここで注意しなければならないことは，I/Oアドレスが割り当てられるのは制御語レジスタであり，内包するレジスタ群（WR0～7, RR0～2）に割り当てられるわけではないということである。

　どちらのチャネルの制御語レジスタを選択するのかは，指定するI/Oアドレスによって決められる。レジスタ群の中のレジスタを指定するためには，以下に述べる，レジスタポインタを使用する。

　制御語レジスタに制御語を書き込むためには，多くの場合2ステップを要す

10.3 チャネルの初期設定

る。WR0 の下位 3 ビットは，再帰的ではあるが WR0～7 へのレジスタポインタとなっている（図 10.1）。レジスタポインタとは，次回のステップで書き込み先レジスタを指定するためのビットフィールドのことである。すなわち，最初のステップでは WR0 のレジスタポインタでレジスタを指定し，つぎのステップで，指定したレジスタに制御語を書き込む，という手順が必要となる。

上記の内容をフローにしたものを **図 10.12** に示す。

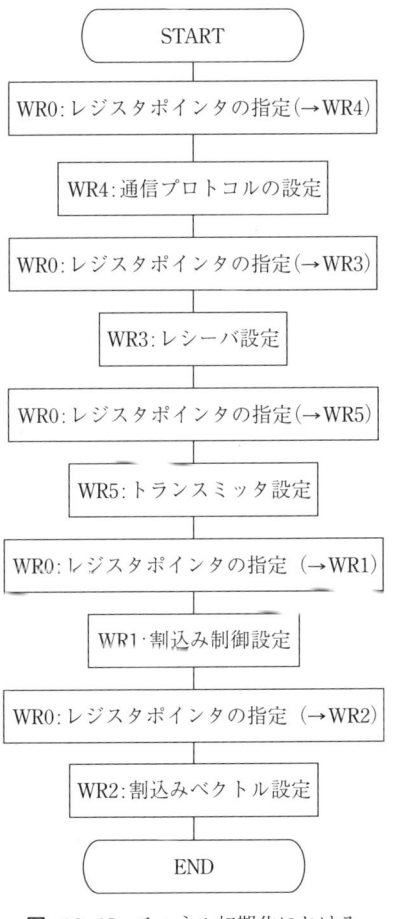

```
            START
              │
  WR0:レジスタポインタの指定(→WR4)
              │
      WR4:通信プロトコルの設定
              │
  WR0:レジスタポインタの指定(→WR3)
              │
         WR3:レシーバ設定
              │
  WR0:レジスタポインタの指定(→WR5)
              │
      WR5:トランスミッタ設定
              │
  WR0:レジスタポインタの指定 (→WR1)
              │
       WR1・割込み制御設定
              │
  WR0:レジスタポインタの指定 (→WR2)
              │
      WR2:割込みベクトル設定
              │
             END
```

図 10.12 チャネル初期化における
レジスタ指定フロー

148   10. シリアル入出力

シリアル通信機能を有するマイコンシステム（Z84C15 搭載のマイコンボード）では，多くの場合，これらの設定がプログラムとして ROM に書き込まれた状態で供給されている（プログラム転送に必要なため）。したがって，上記に示す初期設定をあらためてユーザがプログラミングする必要性は少ない。むしろ，ユーザプログラムの中でシリアル通信をする場合に，これから述べる1バイトデータの送受信方法を知っておく必要がある。

10.4　1バイトデータの送信

Z84C4x において1バイトデータのシリアル送信を行うには，つぎのような手続きが必要である。

10.4.1　送信バッファが空であることを確認

送信するデータは，内部バッファに蓄積される。データは蓄積された順に送信される仕組みになっている。したがって，新たにデータを送信する際は，バッファが空であることを事前に確認しなければならない。バッファが空でない間は，データ送信を行うべきではない。つまり，バッファが空でない間はループを設けるなどして待ち時間をつくる必要がある。

バッファが空であるかどうかは，読出しレジスタ RR0 の2ビット目，送信バッファエンプティフラグが立っているかどうかで確認できる。

10.4.2　データの送信

バッファが空になれば，データを送信することができる。データレジスタに値を書き込めば，バッファにデータが送られる。

10.5　1バイトデータの受信

1バイトデータを受信するには，つぎの手順で行う。

10.5.1 受信有効の確認

受信データを読み込む前に，読出しレジスタ RR0 の 0 ビット目が立っていることを確認する必要がある。このフラグは，データの受信が開始されたかどうかを示すフラグである。送信時と同様に，フラグが立つまでループを設けるなどして，待ち時間をつくる必要がある。

10.5.2 データの受信

読出しレジスタ RR0 の 0 ビット目が立っていれば，データが受信されている。受信されたデータは，データレジスタに取り込まれている。データレジスタを参照すれば，受信されたデータを取り出すことができる。

10.6 プログラミング

10.4, 10.5 項の手順にしたがって，Z84C4x における 1 バイトデータの送信，受信を試してみよう。プログラミングにおけるフローは，図 **10.13** のようになる。これを実際にプログラミングしたものが，図 **10.14** である。

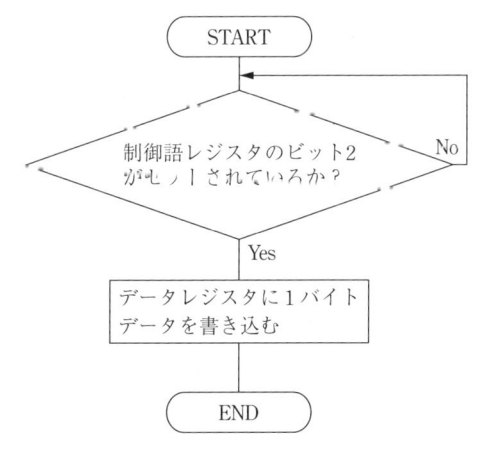

図 **10.13** Z84C4x における 1 バイト送信のフロー

10. シリアル入出力

```
sfr at        0x1a    siobd;
sfr at        0x1b    siobc;

void                  csend( unsigned char c );
unsigned char         crecv( void );

void main( void )
{
    while( 1 )
    {
        csend( crecv( ) );
    }
}
void csend ( unsigned char c )            // 1ワード送信
{
    while( !( siobc & 0x04 ) )
        ;
    siobd = c;
}
unsigned char crecv( void )               // 1ワード受信
{
    while( !( siobc & 0x01 ) )
        ;
    return siobd;
}
```

図 *10.14* Z84C4xにおける1バイトデータ送受信プログラム例

11

割　込　み

11.1 割込みとは

　割込み（interrupt）とは，ある特定の**事象**（event）が発生したときに，定常の処理（メインルーチン）をいったん中断して別の処理（割込みルーチン，interrupt service routine）に移行するプログラム処理のことである。

　割込みルーチンを終了すると，処理は，割込み発生により中断したメインルーチンの続きから実行される。割込み発生時のフローを，**図** *11.1*に示す。

　なぜ，割込みが必要なのか。特定処理要因となる事象検出は，プログラムに

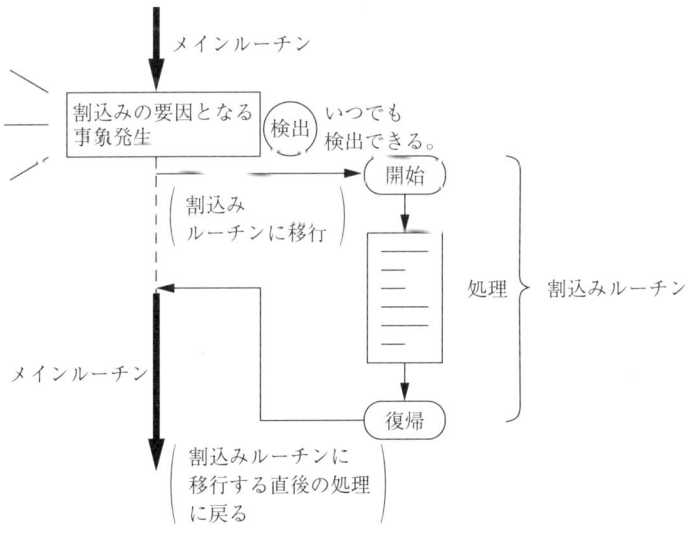

図 *11.1*　割込み発生時のフロー

よる手続きでも可能である。割込みを用いなくとも，プログラム中に，事象を検出する処理を記述すればよい。しかし，当たり前だがこの方法では，事象検出処理を実行していないときには，事象を検出することができない。

また，プログラムの訂正や追加によって，実行速度が変化する。事象検出処理を実行するタイミングも，プログラムの訂正や追加のたびに変わってくる。つまり，一定のタイミングで事象を検出することができない。

これらの問題を解決するのが，割込みである。割込みはそもそも，事象検出をソフト的にではなく，ハード的に実現している。したがって，プログラムの実行状況とは関係なく，いつでも事象を検出することができる。

11.2 マスク可能な割込みとマスク不可能な割込み

割込みには二つの考え方がある。一方は「マスク可能な割込み（maskable interrupt）」，他方は「マスク不可能な割込み（non-maskable interrupt）」である。

マスク可能な割込みは，さまざまな事象を割込み要因として受けつけ，特定の割込み要因以外を排除することはない。ただし，割込み要因に優先順位を設定することはできる（割込み要因の優先順位についてはここでは触れない）。なお，マスク可能な割込みは，Z80-CPU の INT ピンへの 'L' 入力によって発生する。

一方，マスク不可能な割込みは，緊急性，優先性が高い処理に適する。システムの非常停止がよい例である。非常停止は安全確保のために必要な処理である。非常停止ボタンを押したときに発生したほかの事象で別の割込み処理が実行され，結果としてシステムが停止しない，ということでは困る。なお，マスク不可能な割込みは，Z80-CPU の NMI ピンへの 'L' 入力によって発生する。

11.3 割込みモード

Z80 では，割込みに3種類のモード（interrupt mode）を用意している。おの

おの，モード0, 1, 2と呼ばれる。それぞれのモードについて，以下で説明するが，本書では，Z80ファミリーに有効な，モード2を中心に取り扱う。

11.3.1 モード 0

モード0は，インテル社8080などでサポートされている割込みモードと同一のものである。周辺デバイスがCALL命令をCPUに送出することで，割込みルーチンに自動的に移行させる方式である。

モード0は，インテル社の8080周辺デバイスの使用を前提としているため（Z80ファミリーの周辺デバイスにはCALL命令を送出する機能がない），Z80ファミリー上ではあまり使用されない。

11.3.2 モード 1

モード1は，割込みルーチンの先頭アドレスがあらかじめ決まっている場合に便利なモードである。

11.3.3 モード 2

モード2は，Z80ファミリーに属する周辺デバイス（例えば，Z80-PIO, Z80-SIO, Z80-CTCなど）に適した割込みモードである。

モード2はほかのモードと異なり，割込みルーチンの実行を**割込みベクトル**（interrupt vector）によって行っている。

割込みベクトルとは，割込みルーチンの先頭アドレスを，メモリ上に書き並べたものである（**図11.2**）。

割込みベクトル自体は，ユーザが任意のアドレスに配置することができる。しかし，CPUが割込みルーチンを実行するためには，なんらかの形で割込みベクトルの先頭アドレスを記しておかなくてはならない。

そこで，Iレジスタが必要となる。Iレジスタは，割込みベクトルの上位バイト（アドレス空間は16ビット）を格納するレジスタである。ここに，ユーザが任意で配置した割込みベクトルの，先頭アドレス上位バイトを格納する。

154　11. 割込み

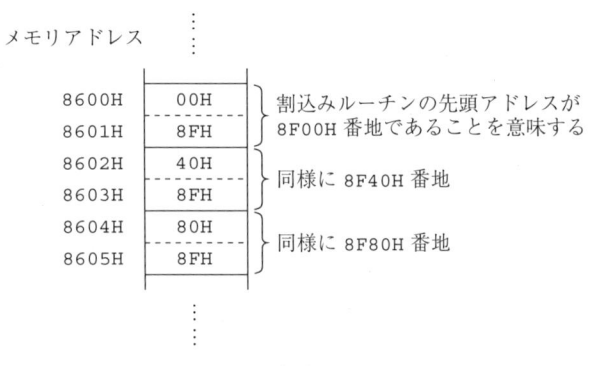

```
メモリアドレス
    8600H  │ 00H │ ┐ 割込みルーチンの先頭アドレスが
    8601H  │ 8FH │ ┘ 8F00H 番地であることを意味する
    8602H  │ 40H │ ┐
    8603H  │ 8FH │ ┘ 同様に 8F40H 番地
    8604H  │ 80H │ ┐
    8605H  │ 8FH │ ┘ 同様に 8F80H 番地
```

図 *11.2*　割込みベクトル

　割込み要因となる事象が発生すると，周辺デバイスは割込み要求（interrupt request）を CPU に送出する。CPU によって割込みが受け付けられると，周辺デバイスは割込みベクトルの先頭アドレス下位バイトを送出する。これらの処理によって，CPU は割込みベクトルを参照することができ，割込みルーチンをコールすることができる。

　以上をまとめると，つぎのようになる。
1) 割込みベクトルとは，割込みルーチンの先頭アドレスを記したもの。
2) 割込みベクトルの先頭アドレス上位バイトは，I レジスタに格納する。
3) 割込みベクトルの先頭アドレス下位バイトは，周辺デバイスが送出する。
4) CPU は，上記の上位，下位をあわせて割込みルーチンの先頭アドレスを参照する。

11.3.4　割込みモードの指定

　どの割込みモードを使用するかは，アセンブリ命令 IM で指定する。オペコード IM に続くオペランドを，0, 1, 2 のいずれかに指定する。

　SDCC では割込みモードを指定する関数が用意されていないので，自分で定義する必要がある。インラインアセンブリを使用した，それぞれの割込みモードを指定する関数を 図 *11.3* に示す。

11.3 割込みモード

```c
// 割込みモード0を指定
void interrupt_mode_0( void )
{
    _asm

    IM      0

    _endasm;
}

// 割込みモード1を指定
void interrupt_mode_1( void )
{
    _asm

    IM      1

    _endasm;
}

// 割込みモード2を指定
void interrupt_mode_2( void )
{
    _asm

    IM      2

    _endasm;
}
```

図 **11.3** 割込みモードを指定する関数の定義

11.3.5 割込みの許可，禁止

割込みを受け付ける必要が生ずれば，割込みを許可（enable interrupt）しなければならない。また，割込みの受付けを拒否したいときは，割込みを禁止

```c
void enable_interrupt( void )
{
    _asm
    EI
    _endasm;
}

void disable_interrupt( void )
{
    _asm
    DI
    _endasm;
}
```

図 **11.4** 割込みの許可，禁止の例

156   11. 割　　込　　み

(disable interrupt) しなければならない。割込みの許可，禁止は，アセンブリ命令でそれぞれ EI, DI で設定できる。オペランドはない。IM と同様，SDCC では EI と DI に対応する関数が用意されていないので，自分で定義する必要がある。図 11.4 に例を示す。

11.4 割込みルーチンの定義

SDCC では，割込みルーチンを定義する書式が用意されている。Z80 のアセンブリコードに対応する書式は，2 通りある。

一つは，マスク可能な割込みの書式である。この書式は，一般の関数書式の後に続いて，interrupt キーワードを添える。

プロトタイプ宣言は，つぎのようになる。また，図 11.5 にプログラム例を示す。

```
void timer_isr( void ) interrupt;
```

```
void timer_isr( void ) interrupt
{
    static int         cnt = 0;
    disable_interrupt( );
    if( cnt > PWM_MAX )
            cnt = 0;
    if( cnt > pwm_val )
            pioad = ~0x01;
    else
            pioad = ~0x00;
    cnt++;
    enable_interrupt( );
}
```

図 11.5　マスク可能な割込みルーチンの記述例

マスク可能な割込みルーチンは，コールされるとアセンブリ命令 RETI でメインプログラムに復帰する。

割込みで重要なことは，レジスタ内容の一時退避である。メインプログラム

11.4 割込みルーチンの定義

で使用するレジスタを，割込みルーチン内で書き換えてしまうと，メインプログラムに復帰したあと，誤動作を引き起こす。このため，SDCCでは，関数にinterruptキーワードを付けてコンパイルすると，レジスタをスタックに一時退避するようコーディングされる。

図11.6に，コンパイル後のアセンブリソースを示す。PUSH命令でレジスタの内容をスタックに退避させているのがわかる。また，ルーチンの最後はRETI命令が表記されている。

```
;  -------------------------------
_timer_isr_start::
_timer_isr:
        push    af
        push    bc
        push    de
        push    hl
        push    iy
;pwmctc.c:75: disable_interrupt( );
;       genCall
;_saveRegsForCall: sendSetSize: 0 deInUse: 0 bcInUse: 0 deSending: 0
        call    _disable_interrupt
;pwmctc.c:77: if( cnt > PWM_MAX )
;       genCmpGt
        ld      a,#0xE8
        ld      iy,#_timer_isr_cnt_1_1
        sub     a,0(iy)
        ld      a,#0x03
        sbc     a,1(iy)
        jp      p,00102$
;pwmctc.c:78: cnt = 0;
;       genAssign
        ld      0(iy),#0x00
        ld      1(iy),#0x00
;       genLabel
00102$:
;pwmctc.c:81: if( cnt > pwm_val )
;       genCmpGt
        ld      iy,#_pwm_val
        ld      a,0(iy)
        ld      iy,#_timer_isr_cnt_1_1
        sub     a,0(iy)
        ld      iy,#_pwm_val
        ld      a,1(iy)
        ld      iy,#_timer_isr_cnt_1_1
        sbc     a,1(iy)
        jp      p,00104$
;pwmctc.c:82: pioad = ~0x01;
;       genAssign
;Z80 AOP_SFR for _pioad banked:0 bc:0 de:0
        ld      a,#0xFE
        out     (_pioad),a
;       genGoto
```

図11.6 マスク可能な割込みルーチンのアセンブリソース

11. 割込み

```
        jp      00105$
;       genLabel
00104$:
;pwmctc.c:84: pioad = ~0x00;
;       genAssign
;Z80 AOP_SFR for _pioad banked:0 bc:0 de:0
        ld      a,#0xFF
        out     (_pioad),a
;       genLabel
00105$:
;pwmctc.c:85: cnt++;
;       genPlus
;       genPlusIncr
        ld      iy,#_timer_isr_cnt_1_1
        inc     0(iy)
        jp      nz,00110$
        inc     1(iy)
00110$:
;pwmctc.c:87: enable_interrupt( );
;       genCall
; _saveRegsForCall: sendSetSize: 0 deInUse: 0 bcInUse: 0 deSending: 0
        call    _enable_interrupt
;       genLabel
00106$:
;       genEndFunction
        pop     iy
        pop     hl
        pop     de
        pop     bc
        pop     af
        reti
_timer_isr_end::
```

図 *11.6* (つづき)

　もう一つは，マスク不可能な割込みの書式である．この書式は，一般の関数書式のあとに続いて，critical interrupt キーワードを添える．マスク不可能な割込みルーチンは，コールされるとアセンブリ命令 RETN でメインプログラムに復帰する．図 *11.7* に例を示す．

```
void nmi_isr( void )critical interrupt
{
    data++;
}
```

図 *11.7* マスク不可能な割込みルーチンの記述例

11.5 Z80 ファミリー周辺デバイスを使った割込み

　前述のとおり，Z80 ファミリーに属する周辺デバイスの割込みは，モード 2

11.5 Z80ファミリー周辺デバイスを使った割込み

によって比較的容易に実現できる．ただし，SDCCで割込み処理を記述するには，少々手間がかかる．モード2による割込みは，以下の手順で実現できる．

1) 割込みを禁止しておく．

〔アセンブリ命令〕

```
DI
```

2) 割込みベクトル用のメモリを決めておく．ここでは，8800H番地とする．

3) 割込みベクトルに，割込みルーチンの先頭アドレスを格納する．

ここでは，割込みルーチンの先頭アドレスを85F0H番地（この番地はリンカが自動的に割り付けるので，確定的ではない．この点の詳細については後述する）と仮定する．

〔アセンブリ記述〕

```
LD    HL, #0x85F0
LD    (#0x8800), HL
```

4) Iレジスタに，割込みベクトルの先頭アドレス上位バイトを格納する．

〔アセンブリ記述〕

```
LD    A, #0x88
LD    I, A
```

5) 割込み要求を発生させるデバイスに，割込みベクトルの先頭アドレス下位バイトを格納する．ここでは，Z80-CTCの割込みベクトル設定アドレスctc0に，割込みベクトルの下位バイトを格納することにする．

〔C記述〕

```
ctc0 = 0x00;
```

6) 割込みデバイスに，必要な設定を施す．

7) 割込みモードをモード2に設定する．

〔アセンブリ記述〕

```
IM    2
```

8) 割込みを許可する．

〔アセンブリ記述〕

EI

上記手順をSDCCでプログラミングする際には，アセンブリ記述の項目は_asm … _endasm; で囲む必要がある。

割込みを実現するためには，上記手順の3に示すとおり，割込みルーチンのアドレスを明確にしておかなくてはならない。しかし，執筆現在において，SDCCは関数の任意アドレス配置をサポートしていない。今後サポートする予定のようである[†1]。サポートされるまでは，以下の方法で対処する。

プログラマが任意のアドレスに関数を配置できない[†2]のなら，リンカが自

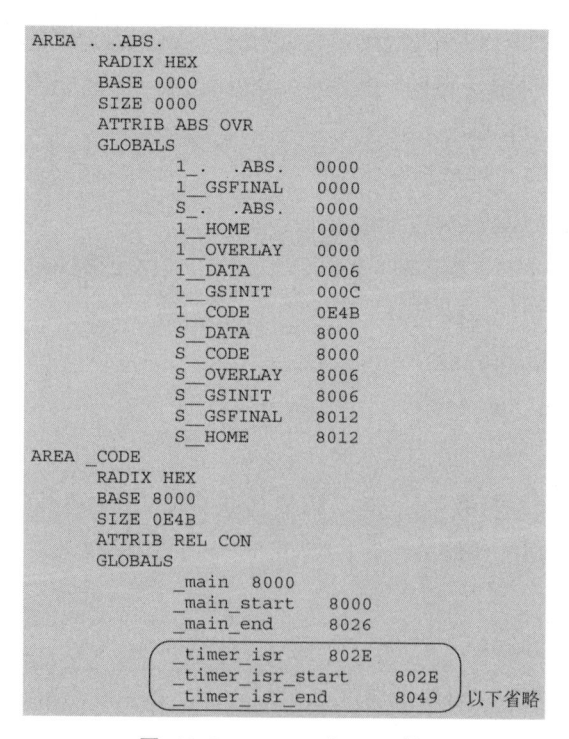

```
AREA  . .ABS.
      RADIX HEX
      BASE 0000
      SIZE 0000
      ATTRIB ABS OVR
      GLOBALS
              l_.   .ABS.      0000
              l__GSFINAL       0000
              s_.   .ABS.      0000
              l__HOME          0000
              l__OVERLAY       0000
              l__DATA          0006
              l__GSINIT        000C
              l__CODE          0E4B
              s__DATA          8000
              s__CODE          8000
              s__OVERLAY       8006
              s__GSINIT        8006
              s__GSFINAL       8012
              s__HOME          8012
AREA _CODE
      RADIX HEX
      BASE 8000
      SIZE 0E4B
      ATTRIB REL CON
      GLOBALS
              _main            8000
              _main_start      8000
              _main_end        8026
              _timer_isr       802E
              _timer_isr_start 802E
              _timer_isr_end   8049    以下省略
```

図 **11.8** mapファイルの一例

[†1] SDCC Compiler User Guide: SDCC 2.4.6, 1.7節 "Wishes of the future" p.6
[†2] 割込みに限らず，一般的にリンカが関数をメモリに自動配置する。

11.5 Z80ファミリー周辺デバイスを使った割込み

動配置したアドレスを知ればよい。SDCCでコンパイル，リンクを行うと，リンカが自動配置したアドレスを記述したファイル（拡張子 map）が生成される。これを参照すれば，どの関数がどのアドレスに配置されたのかがわかる。図 *11.8* に，map ファイルの一例を示す。

この例では，timer_isr 関数が 802EH 番地に配置されていることがわかる。このアドレスは，プログラムを追加したり修正したりするたびに，変化する可能性がある。確定的なものではないので，注意が必要である。とりあえずこのアドレスを，前述の手順3の段階で，割込みベクトルに格納する。

格納するアドレスは，図 *11.9* のように，#define 文で定義しておくと便利である。定義したアドレスは，図 *11.10* のように割込みベクトルの設定時に活用することができる。

```
#define         IVECH #0x85          // 割込みベクトル上位
#define         IVECA #0x8500        // 割込みベクトルアドレス

#define         IRTN0 #0x8062        // 割込みルーチンアドレス
#define         IRTN1 #0x8064
#define         IRTN2 #0x8066
#define         IRTN3 #0x8068
```

図 *11.9* 割込みベクトルや割込みルーチンのアドレス定義

```
void main( void )
{
    _asm

    // 割込みベクトル上位バイトをIレジに格納
    LD      A, IVECH
    LD      I, A

    // CTCの割込みルーチン先頭アドレスを，割込みベクトルに格納
    LD      HL, IRTN0
    LD      (IVECA), HL
    IM      2

    _endasm;
                以下，省略
```

図 *11.10* #define で定義したアドレスの活用例

割込みベクトルや割込みルーチンのアドレスを定義したら，アセンブリで記述した，割込みの初期設定プログラムに，定義したマクロを適用する。

```
_asm
LD      A, IVECH
LD      I, A
LD      HL, (IRTN0)
LD      (IVECA), HL
IM      2
_endasm;
```

このような方法で実現した割込みプログラムの例を二つ示す。

図 11.11 のプログラムは，CTC（Z84C30）のタイマ割込みを利用して，一定間隔で LED を点灯させるものである。LED は，PIO（Z84C20）のポート A，0 ビット目にアノードコモンでプルアップ接続されていることを前提としている。つまり，出力が L のとき点灯，H のとき消灯する。

```
#include            "z84.h"

#define             ON              1
#define             OFF             0
#define             PERIOD 250

#define             USUAL           0x01
#define             CHANNEL_RESET   0x02
#define             TC_FOLLOWS      0x04
#define             EXT_TRIGGER     0x08
#define             UPEDGE          0x10
#define             PRESCALE_256    0x20
#define             COUNTER_MODE    0x40
#define             ENABLE_INT      0x80

#define             IVECA           #0x9000
#define             IVECL           0x00
#define             IVECH           #0x90
#define             IRTN0           #0x8043
#define             TMRLPMAX        100

void    pioinit( void );
void    intinit( void );
void    set_time_constant( unsigned char tc );
void    timer_isr( void )interrupt;

int                 turn = on;
unsigned int        timer_loop = 0;

void main( void )
{
    pioinit( );
    intinit( );
    set_time_constant( PERIOD );
    enable_interrupt( );
    while( 1 );
}

void intinit( void )
```

図 11.11　CTC 割込みを利用した LED 点滅プログラム

```
{
    _asm

    // 割込みベクトル上位バイトをIレジに格納
    LD      A, IVECH
    LD      I, A

    // CTCの割込みルーチン先頭アドレスを，割込みベクトルに格納
    LD      HL, IRTN0
    LD      (IVECA), HL
    IM      2

    _endasm;
}
void pioinit( void )
{
    pioac = 0xcf;
    pioac = 0x00;
}
void set_time_constant( unsigned char tc )
{
    ctc0 = ENABLE_INT | PRESCALE_256 | UPEDGE | TC_FOLLOWS | CHANNEL_RESET | USUAL;
    ctc0 = tc;
    ctc0 = IVECL;
}
void timer_isr( void ) interrupt
{
    disable_interrupt( );
    if( timer_loop < TMRLPMAX )
        timer_loop++;
    else
    {
        timer_loop = 0;

        if( turn == ON )
        {
            pioad = ~0x00;
            turn = OFF;
        }
        else
        {
            pioad = ~0x01;
            turn = ON;
        }
    }

    enable_interrupt( );
}
```

図 11.11 （つづき）

また，**図 11.12** のプログラムは，PIO（Z84C20）のポート入力割込みを使用する例である．ポートBの7ビット目に立ち上がりパルスが印加された場合に，ターミナルに "--- PORT-B INTERRUPT !! ---" と表示する．

164　*11. 割　　込　　み*

```
#include      "z84.h"
// Z80-PIOの割込み関連設定
#define           EI      0x80
#define           ANDCON  0x40
#define           HIACTV  0x20
#define           MSKFLS  0x10
#define           USUAL   0x07

// 割込みベクトル
#define           IVECA   #0x9500       // 割込みベクトルアドレス
#define           IVECH   #0x95         // 割込みベクトルアドレス上位バイト
#define           IRTN0   #0x8041       // 割込みルーチンアドレス

void    pioinit( void );
void    pbvar( void ) interrupt;
void    intinit( void );
void    title( void );

void main( void )
{
    intinit( );
    pioinit( );
    title( );
    enable_interrupt( );

    while( 1 )
    {
        pioad = piobd;
        if( crecv( ) == 'z' ) title( );
    }
}

void pioinit( void )
{
    pioac = 0xcf;
    pioac = 0x00;

    piobc = 0xcf;
    piobc = 0xff;
    piobc = EI | HIACTV | MSKFLS | USUAL;
    piobc = 0x7f;           // 割込みマスク
    piobc = 0x00;           // 割込みベクトル
}

void pbvar( void ) interrupt
{
    disable_interrupt( );

    color( RED_REVERSE );
    locate( 10, 9 );
    strsend( "--- PORT-B INTERRUPT !!  ---" )

    enable_interrupt( );
}

void intinit( void )
{
```

図 *11.12* PIO のポート入力による割込みプログラム

```
    _asm
        LD          A, IVECH        // 割込みベクトルの上位バイトをIレジスタに格納
        LD          I, A

        LD          HL, IRTN0       // 割込みルーチンの先頭アドレスをベクトルに格納
        LD          (IVECA), HL

        IM          2               // 割込みモード2

    _endasm;
}
void title( void )
{
    cls( );
    color( 0 );
    color( BLACK );
    locate( 10, 5 );
    strsend( "PIO (PB7 UPEDGE INPUT) INTERRUPT TEST" );
    locate( 10, 7 );
    strsend( "[z] KEY : SCREEN CLEAR" );
}
```

図 *11.12* （つづき）

以下は，各プログラムの解説である．

〔図 *11.11* プログラム例解説〕　このプログラムは，メインルーチンを無処理の無限ループにし，CTC のタイマ割込みが発生した場合に，LED の点灯あるいは消灯を行うものである．

先頭行の #include "z84.h" は，後述の *12.2* 節で作成するライブラリのヘッダファイルをインクルードするプリプロセッサである．内容については，当該記述を参照していただきたい．

#define で定義した PERIOD は，LED 点滅周期の基本単位として使用される．実際には，この値をさらに 200 倍した値が点滅周期となる．

#define の USUAL から ENABLE にかけては，CTC の制御語レジスタにおける，各ビットのアクティブな値を定義している．アクティブにする箇所をビット OR 演算で結合すれば，制御語を記述することができる（7.3 節参照）．

さらに上記に続いて，割込みベクトルと割込みルーチンの先頭アドレスについて定義している．IVECA は割込みベクトルのアドレス，IVECH はその上位バイト，IVECL は下位バイトを表す．また，IRTN0 は，タイマ割込みルーチンの先頭アドレスを表している．

11. 割込み

以下は，おもな関数の説明である。

① `void pioinit( void )` 　PIO のポート初期化。ポート A をモード 3 で全ビット出力に設定している。

② `void intinit( void )` 　割込みについての初期設定。インラインアセンブリである。`#define` で定義した割込み関連のアドレスを適用している。

③ `void set_time_constant(unsigned char tc)` 　CTC のタイマ時定数設定。引数 `tc` が時定数である。ここでは，タイマ割込み有効，プリスケーラ値 256，立ち上がりエッジ検出としている。最後に割込みベクトルの下位バイトを設定している。

④ `void timer_isr( void ) interrupt` 　タイマ割込みルーチンである。本プログラムの要となる部分である。タイマ値が時定数を超えると，自動的にこのルーチンが呼び出される。

　最初に `disable_interrupt( )` で割込みを無効にしている。以降，グローバル変数 `timer_loop` の値が `TMRLPMAX` に達しない間は，`timer_loop` をインクリメントしている。つまり，割込みがかかるたびに `timer_loop` の値は 1 ずつ加算される。`TMRLPMAX` に達したときに，PIO のポート A に FEH (LED 点灯) または FFH (LED 消灯) が出力される。プログラムをわかりやすくするため，それぞれの値は 1 の補数表現として，`~0x01`,`~0x00` を用いている。

　このとき，前回のポート出力で LED を点灯させたならば今回は消灯させ，前回のポート出力で LED を消灯させたならば今回は点灯させる，という動作をとらせるために，グローバル変数 `turn` を使用して，`if` 文による条件分岐を行っている。

　`timer_loop` を用いたのは，目に見える点滅間隔を必要としたためである。システムクロックが 8 MHz だとすると，タイマのプリスケーラ値が 256 であっても，人間の目で点滅を確認できる周期をつくることは到底できないからである。

11.5 Z80ファミリー周辺デバイスを使った割込み

最後に enable_interrupt( ) で再び割込みを有効にしている。なお，disable_interrupt( ) と enable_interrupt( ) は，z84lib.lib ライブラリに登録してあるユーザ関数である。

main関数では，初期設定のほかはなんの処理もしない。ただ空処理を無限に繰り返すだけとなっている。つまり，タイマ割込みがかかったときだけ，割込みルーチンを実行するのみである。

〔図11.12プログラム例解説〕　このプログラムは，PIOのポートB, 7ビット目に立ち上がりパルスが検出された場合にPIO割込みが発生し，ターミナルにメッセージを表示させるものである。

入力値を確認できるようにするために，ポートBの入力データは，そのままポートAに出力される。また，キーボードの z キーを入力すると，割込みの際に表示されたメッセージを消去することができる。

先頭行の #include "z84.h" は，前プログラムと同様，後述の12.2節で作成するライブラリのヘッダファイルをインクルードするプリプロセッサである。なお本プログラム例では，ターミナル表示に後述するエスケープシーケンスを多用している。詳細については，12.1.3項を参照していただきたい。

#define で定義したEIからUSUALにかけては，PIOの制御語レジスタにおける，各ビットのアクティブな値を定義している。アクティブにする箇所をビットOR演算で結合すれば，制御語を記述することができる（7.3節参照）。

さらに，上記に続く割込み関連定義IVECA, IVECHは，前プログラムと同様である。

以下は，おもな関数の説明である。

① void pioinit(void);　PIOのポート初期化。ポートAをモード3で全ビット出力，ポートBをモード3で全ビット入力に設定している。

② void pbvar(void) interrupt;　PIOの割込みルーチンである。ポートBの7ビット目に立ち上がりパルスを検出すると，処理はこのルーチンに移行する。

最初に，disable_interrupt( ) で割込みを無効にしている。つぎに，ターミナル表示の色指定，カーソル座標指定（*12.1.3* 項参照）を経て，割込み発生を知らせるメッセージを表示させる。最後に enable_interrupt( ) で割込みを有効にしている。

③ void intinit(void);　割込みについての初期設定である。前プログラムと同様，インラインアセンブリで，#define で定義した割込み関連のアドレスを適用している。

④ void title(void);　タイトル（初期画面）を表示する関数である。プログラム実行開始時と Z キー入力による画面消去後に呼び出される。

main 関数では，ポート B の入力データを，ポート A にそのまま出力している。また，キーボードから Z キーが入力されれば，title 関数を呼び出して，割込みメッセージの消去と初期画面の表示を行う。

12

応用プログラミング

12.1 パソコン-マイコン間通信

12.1.1 パソコンを使用したデバッグ環境構築

　マイコンのプログラミングで，デバッグ環境を構築することは不可欠である。パソコンのプログラミング環境とは異なり，マイコンは一般的に，キーボードやディスプレイなどの入出力装置は標準装備されていない。開発過程において，デバッグ用の入出力回路を独自に構成し，マイコンのポートと接続するのが一般的である。

　開発段階では，入出力デバイスを自分で設計する必要がある。しかし，より複雑な動作を詳細に検証したい場合，あるいはレジスタやポートなどのハードウェア的なデータのみならず，ソフトウェア的なデータ，すなわちプログラム中に宣言した変数の値など，リアルタイムに参照したい場合は，入出力デバイスだけでは事足りない。

　そこで，RS-232Cなどの通信回線を用いてマイコンとパソコンと接続し，ターミナルソフト上にデータを表示させる方法を導入する。この方法により，マイコンの出力データを直接ターミナル上に表示することができる。さらに，パソコンのキーボードからデータを入力し，マイコンに読み込ませることもできる。この方法を確立すれば，極端ないい方をすれば，入出力デバイスを設計する必要はない。しかし，つねにパソコンと接続してマイコンを動作させるとは限らないので，入出力デバイスは付加すべきである。

12.1.2 ターミナルソフトを使用する

ターミナルソフトは，パソコンと外部との通信をテキストベースで行うためのソフトウェアである．通信プロトコルは，RS-232C に加えて，TCP/IP に対応するものも多い．

パソコン-マイコン間通信を行う上では，ターミナルソフトがエスケープシーケンスに対応している必要がある．エスケープシーケンスとは，ターミナル画面上に表示させるテキストの書式あるいは表示方法を制御するための制御語である（12.1.3 項参照）．ほとんどのターミナルソフトはエスケープシーケンスに対応する．

ここで述べる方法は，Z80 だけでなく，近年の組込みマイコンでも応用可能である．H8 や PIC，SH など，入出力装置を持たない多くのワンチップマイコンにおいて，かなり自由度の高いディスプレイ環境を構築することができるので，読者の研究課題や実習課題に応用できるはずだ．ただし，マイコンシステムがシリアル通信機能をあらかじめ備えていること（シリアル通信用のソフトウェアが ROM として添付されていることなど）が前提となる．シリアル通信機能をプログラミングによって実現する方法もあるが，これについては本書の範囲を超える内容であるので，触れないこととする．

ターミナルソフトは OS に標準で導入されているものもあるが，さらに使い勝手を向上させたフリーウェアも多く存在する．状況に応じて，ダウンロードするとよい．

〔1〕 **ターミナルの設定**　ターミナルソフトには，シリアル（RS-232C）通信の各種設定機能がある．これらの設定は，マイコン，パソコン双方の送受信方法についての取決め（プロトコル）である．したがって，双方のプロトコルに不整合があると，データを正しく送受信できなくなってしまう．

一般的なターミナルソフトには，つぎの設定項目が存在する．

(a) **使用ポート**　パソコンには，RS-232C 端子が複数搭載されているものがある．端子には，ポート番号が割り当てられている．例えば，2 個存在するものであれば，COM 1，COM 2 のように．この項目は，どのポート番号の

デバイスを使用するのかを選択するものである。

(b) **ボーレート**　ボーレートとは，1秒当りに送信するデータのビット数，すなわちデータの送信速度である。単位は〔bps〕。

この値が，マイコンとパソコンの双方で一致していなくてはならない。マイコンについては，SIO の設定で定まるボーレートによる。パソコンの設定はターミナルのこの項目で定められるので，マイコンシステムにおけるシリアル通信機能の設定に合わせて値を決めればよい。

(c) **データのビット長**　パケット単位のビット長を指定する。通常，7ビットか8ビットかを選択できる。

(d) **パリティ**　通信時の誤り検出用ビット（**パリティビット**，parity bit）についての設定項目である。パリティビットなし，偶数パリティ，奇数パリティの3種から選択する。

(e) **ストップビット長**　データ終端を示す**ストップビット**（stop bit）のビット長を設定する項目である。通常，1ビットか2ビットを選択できる。

(f) **フロー制御**　フロー制御は使用することが少ないので，本書では説明を省略する。通常は，"使用しない"を選択すればよい。

〔2〕**1バイト送信表示**　10.6節で，Z80-SIO（Z84C4x）を使用した1バイトデータの送受信プログラミングについて説明した。これに基づいて，ターミナルに任意の1バイトデータを表示させてみよう。

1バイトデータをターミナルに出力する処理を関数化しておく。ここでは，この関数を void csend(unsigned char c) とする。csend は，SIO の制御語レジスタ4ビット目のフラグが立つまでループ処理を行い，フラグが立ったらデータレジスタに引数 c を入力する。なお，SIO のポートはポート B を使用するものとする。csend 関数は以下のように定義される。

```
void csend( unsigned char c )
{
    while( !( siobc & 0x04 ) )
        ;
    siobd = c;
}
```

この関数を用いて，1バイトデータをターミナルに出力し，表示するプログラムを図 **12.1** に示す。

```
// SIOアドレス定義
sfr at 0x18    sioad;
sfr at 0x19    sioac;
sfr at 0x1a    siobd;
sfr at 0x1b    siobc;

void   csend( unsigned char );

int main( void )
{
    csend( 'X' );

    return 0;
}

// 1バイト送信
void csend( unsigned char c )
{
    while( !( siobc & 0x04 ) )
        ;
    siobd = c;
}
```

図 **12.1** 1バイトデータ表示プログラム（csend関数使用）

〔3〕 **文字列送信表示**　任意の文字列をターミナルに表示させてみよう。〔2〕で，1バイトのデータ送信を実現した。これを応用すれば，簡単に文字列を送信することができる。

任意の文字列をターミナルに表示させる処理を，strsend という名称で関数化しよう。任意の文字列は，unsigned char 型（または char 型）へのポインタで扱うことができる。したがって，引数を unsigned char* str とし，戻り値を必要としない関数 void strsend(unsigned char* str) として定義できる。

C言語において文字列は，"strings" のようにダブルクォーテーションで囲むことで表現できる。実際には，'s','t','r','i','n','g','s' に文字列の終端コードである '¥0' を加えた，1バイトデータ配列の先頭アドレスとして認識される。したがって，引数 str には，これらの1バイトデータ配列

12.1 パソコン-マイコン間通信

```
          unsigned char* str = "strings";
先頭アドレス
```

```
 's'  't'  'r'  'i'  'n'  'g'  's'  '\0'
```

str++;

ポインタ str

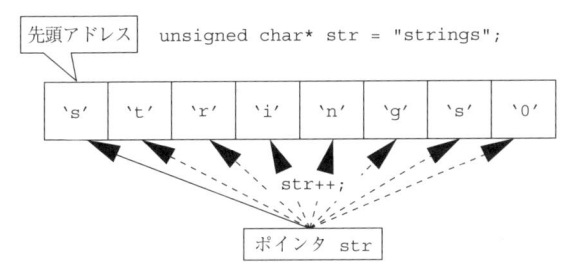

図 *12.2* 文字列とポインタ

の先頭アドレスが引き渡される（図 **12.2**）。

つまり，ポインタ str をインクリメントしながら，str が示すデータ *str を csend 関数で送信すれば，すべての1バイトデータを連続的に表示できることになる。ただし，文字列の終端記号を表す '\0' が現れたら，送信をやめなくてはならない。

この原理で定義した文字列表示関数 strsend は，つぎのようになる。

```c
void strsend( unsigned char* str )
{
    while( *str != '\0' )
    {
        csend( *str );
        str++;
    }
}
```

strsend を用いて文字列をターミナルに表示するプログラム例を図 **12.3**

```c
// SIO アドレス定義
sfr at  0x18    sioad;
sfr at  0x19    sioas;
sfr at  0x1a    siobd;
sfr at  0x1b    siobc;

void    csend( unsigned char );
void    strsend( unsigned char* );

int main( void )
{
    strsend( "Presented by Sekichan\n" );

    return 0;
}
```

図 *12.3* 文字列表示プログラム
   （strsend 関数使用）

```
// 1バイト送信
void csend( unsigned char c )
{
    while( !( siobc & 0x04 ) )
        ;
    siobd = c;
}

// 文字列送信
void strsend( unsigned char* str )
{
    while( *str != '\0' )
    {
        csend( *str );
        str++;
    }
}
```

図 12.3 （つづき）

に示す．

〔4〕 **1バイト受信**　パソコンのキー入力（1バイト）を受信し，受信した値によって処理を変化させてみよう．

1バイトデータをターミナルから受信し，入力する処理を関数化しておく．ここでは，この関数を unsigned char crecv(void) とする．crecvは，SIOの制御語レジスタ0ビット目のフラグが立つまでループ処理を行い，フラグが立ったらデータレジスタの値を返す．なお，SIOのポートはポートBを使用するものとする．

crecv関数は以下のように定義される．

```
unsigned char crecv( void )
{
    while( !( siobc & 0x01 ) )
        ;
    return siobd;
}
```

この関数を用いて，キーボードから入力されたデータによって，PIOのポートAに出力する値を変化させるプログラムを**図 12.4**に示す．

```
sfr at      0x1a  siobd;
sfr at      0x1b  siobc;
sfr at      0x1c  pioad;
sfr at      0x1d  pioac;
unsigned char crecv( void );

void main( void )
{
    pioac = 0xcf;
    pioac = 0x00;

    while( 1 )
    {
        switch( crecv( ) )
        {
            case    'z':
            pioad = ~0x80;
            break;

            case    'x':
            pioad = ~0x01;
            break;
        }
    }
}

unsigned char crecv( void )                    // 1ワード受信
{
    while( !( siobc & 0x01 ) )
        ;
    return siobd;
}
```

図 **12.4** キーボード入力プログラム（crecv 関数使用）

12.1.3 エスケープシーケンスによるコンソール制御

エスケープシーケンスとは，ターミナル上で，アスキーコードをさまざまに制御するための標準化された符号である。エスケープシーケンスを用いれば，ターミナルでカラー表示やカーソル位置制御が可能になる。

エスケープシーケンスは，エスケープコード"￥033"から始まる符号で記述される。

〔**1**〕 **エスケープシーケンスの種類と制御方法**　　よく使われるエスケープシーケンスは，**表 12.1** のとおりである。

これらのエスケープシーケンスをプログラム中で活用するためには，エスケープシーケンスの符号そのものをターミナルに表示させればよい。例えば，

12. 応用プログラミング

表 12.1 エスケープシーケンス一覧

コマンド	エスケープシーケンス	備考
画面消去	¥033[2J	
カーソル行消去	¥033[2K	
カーソル移動	¥033[y;xH	x, yは座標を指定
カーソル非表示	¥033[>5h	
文字属性 （カラー表示など）	¥033[ps;...;psm	psは文字属性のコードを 指定（複数指定可）

文字属性のコード
7：反転，30：黒，18/34：青，19/35：紫，22/36：水色，21/33：黄色，23/37：白，40：黒反転，44：青反転，41：赤反転，45：紫反転，42：緑反転，46：水色反転，43：黄色反転，47：白反転

後述する画面消去であれば，文字列"¥033[2J"をターミナルに送信すればよいことになる。

〔2〕 **画面消去** 表12.1の中にある画面消去コマンドをC言語で実現してみよう。エスケープシーケンスの符号は覚えにくいので，マクロ化するか，関数化するとよい。ここでは，エスケープシーケンスを関数に置き換えて実践することにする。画面消去コマンドとして，cls( )という関数を定義する（**図 12.5**）。

文字列の送信は，12.1.2項〔3〕で示したZ84C4xにおける文字列送信関数，strsend( )を用いることにする。

```
void cls( void )
{
    strsend( "¥033[2J" );
}
```

図 12.5 画面消去関数 cls( )

〔3〕 **色 指 定** 色の指定は引数を伴う。例えば赤色で文字を表示したい場合，文字列"¥033[31m"をターミナルに送信すればよい。このとき，31が赤色を指定する引数となる。これを，任意の色番号または文字属性を引数として指定する方法はないだろうか。

もし制御対象がマイコンではなくパソコンであれば，標準入出力関数stdio.lib内のprintfで実現できるところである。printfは，文字列内に数値を埋め込む書式を指定することができるからである。ところが，通常で

は printf はシリアルポートを標準出力先に指定していない。つまり，いくら printf で文字列をターミナルに表示させようとしても，表示しないのである。

そこで，sprintf を用いる。sprintf は，バッファとして用意した char 型へのポインタに対して文字列を出力する。つまり，char s_buf[50]; などとして宣言した変数に，数値を埋め込んだ書式を書き出すことができる。あとは，strsend(s_buf); を実行すれば，引数に渡した値を含んだ文字列をターミナルに表示できるわけである。

SDCC は標準入出力ライブラリやその他の標準ライブラリを備えている。stdio.lib も備えているので，printf はもとより，sprintf などの関数もあらかじめ用意されている。ヘッダファイルも用意されているので，プログラムの先頭で #include <stdio.h> を記述すれば，関数の呼出しは容易である。ライブラリについては，コンパイル時に -mz80 オプションを付加することで自動的にリンクされる。

以上の方法をもとに，色を指定する関数 color を定義してみよう。エスケープシーケンスでは色指定（本来は文字属性という）に複数の引数を与えることができるが，ここでは簡素化のため，引数は一つにする。まず，バッファとして変数 char s_buf[50] （配列の最大数は適当に決める）を宣言する。

用意したバッファ s_buf に対し，色指定の引数 code の値を埋め込んだエスケープシーケンス符号を格納する。あとは，従前に定義したターミナル表示関数 strsend で，s_buf の内容を出力すれば色指定は完了である。color 関数は，つぎのようになる。

```
void color( int code )
{
    char  s_buf[50];

    sprintf( s_buf, "\033[%dm", code );
    strsend( s_buf );
}
```

以上の方法で定義した color 関数を用いたプログラム例を図 *12.6* に示す。色指定用の引数は表 *12.1* に示す番号を与えればよい。これらは，#define

```
#include         <stdio.h>
#define          RED_REVERSE      41        // 赤色・反転表示コード

void     csend( unsigned char );
void     strsend( unsigned char* );
void     color( int code );

sfr at 0x18       sioad;                    // SIO アドレス定義
sfr at 0x19       sioac;
sfr at 0x1a       siobd;
sfr at 0x1b       siobc;

void main( void )
{
    color( RED_REVERSE );
    strsend( "color message" );
    while( 1 );
}

void csend( unsigned char c )               // 1バイト送信
{
    while( !( siobc & 0x04 ) );
    siobd = c;
}

void strsend( unsigned char* str )          // 文字列送信
{
    while( *str != '\0' )
    {
        csend( *str );
        str++;
    }
}

void color( int code )                      // 色指定
{
    char    s_buf[50];
    sprintf( s_buf, "\033[%dm" , code );
    strsend( s_buf );
}
```

図 *12.6* color関数を使用したプログラム例

でマクロ定義するほうが便利である。

このように，ターミナルへの文字列表示関数と標準入出力のライブラリをうまく組み合わせれば，マイコンでもパソコン上のシェル動作とあまり変わらない環境をつくることができる。

〔*4*〕 **カーソル座標指定** ターミナルの任意の座標にカーソルを移動させることを考えよう。任意座標にカーソルを移動させられるということは任意座標に文字列を表示させることができるということだ。この機能を使えば，表示装置を持たないマイコンでも，かなり自由度の高いコンソールとして代用でき

る。デバッグシステムや計測制御端末にも応用可能である。また，ちょっとした（おもしろくない）ゲームもつくれてしまう。

エスケープシーケンスで指定する座標 (x, y) は，ターミナルの左上を原点 $(0, 0)$ として右方向に $+x$，下方向に $+y$ と定められている。

表 12.1 の，カーソル移動を参照していただきたい。例えば，エスケープシーケンスで $(5, 10)$ 座標にカーソルを移動させたい場合，"¥033[10;5H" という文字列をターミナルに表示させればよい。このとき，x と y の指定順序が入れ替わっているので注意する必要がある。

カーソル移動を関数として定義する方法は，〔3〕で述べた色指定とまったく同様である。座標を指定するために，引数が二つになるだけである。カーソル移動を定義した関数 locate は，つぎのようになる。

```
void locate( int x, int y )
{
    char s_buf[50];

    sprintf( s_buf, "¥033[%d;%dH", y, x );
    strsend( s_buf );
}
```

〔5〕 **メニュー画面作成**　これまでの方法を応用して，ターミナルで表示する簡単なメニュー画面（**図 12.7**）をつくってみよう。ここでのメニュー画面とは，エスケープシーケンスのテスト用に用意するものであって，特別な動作を実現するものではない。

プログラムを実行すると，ターミナルにメニュー画面が現れる。メニューは 3 項目の選択式になっており，キーボードで 1 を入力すると "Data Logging"，2 を入力すると "Data Output" の各モードに移行し（実際にはデータロギングやデータ出力の機能はない），画面が切り替わる。それぞれのモードでは，0 を入力することでメニュー画面に戻ることができる。また，メニュー画面で 3 を入力すると，プログラムを擬似的に停止させる（無限ループ）。

メニュー選択の際のキー入力は，12.1.2〔4〕で定義した crecv 関数を使用する。crecv で得たアスキーコードによって，switch...case 文を用いて

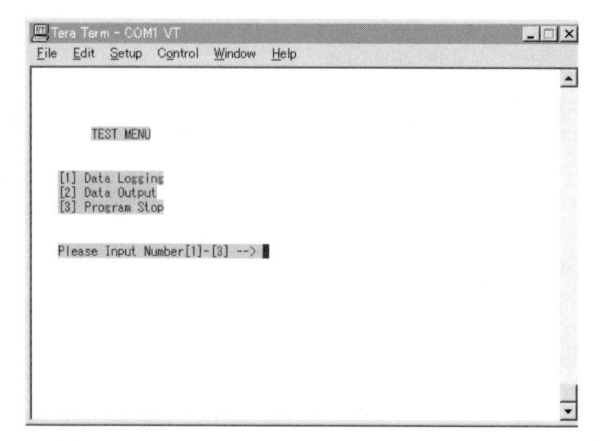

図 **12.7** エスケープシーケンスによるメニュー画面

処理を分岐させている。

前述した locate や color，strsend 関数を使用することで，マイコンでも任意の画面表示が可能であることがわかる。この方法を応用して，簡単な計測・制御システムやデバッグ環境を構築することもできる。さまざまな応用方法を見いだしていただきたい。

図 **12.8** にメニュー画面のプログラム例を示す。

```
#include      <stdio.h>
#define              RED_REVERSE    41        // 赤色・反転表示コード
#define              BLACK          30        // 黒色コード

sfr at 0x1a    siobd;                          // SIOアドレス定義
sfr at 0x1b    siobc;

void                csend( unsigned char data );
void                strsend( unsigned char* mesg );
unsigned char crecv( void );
void                locate( int x, int y );
void                color( int code );
void                cls( void );

void main( void )
{
    while( 1 )
    {
        cls( ); color( BLACK );
        locate( 10, 5 ); strsend( "TEST MENU" );
        locate( 5, 8 );    strsend( "[1] Data Logging" );
        locate( 5, 9 );  strsend( "[2] Data Output" );
```

図 **12.8** テストメニューのプログラム例

```
            locate( 5, 10 ); strsend( "[3] Program Stop" );
            locate( 5, 13 ); color( RED_REVERSE );
            strsend( "Please Input Number[1]-[3] --> " );

            switch( crecv( ) )
            {
                case  '1':
                cls( ); color( BLACK );
                locate( 10, 5 ); strsend( "Data Logging Mode" );
                locate( 5, 13 ); color( RED_REVERSE );
                strsend( "[0]: Return Menu " );
                while( crecv( ) != '0' );
                break;

                case  '2':
                cls( ); color( BLACK );
                locate( 10, 5 ); strsend( "Data Output Mode" );
                locate( 5, 13 ); color( RED_REVERSE );
                strsend( "[0]: Return Menu " );
                while( crecv( ) != '0' );
                break;

                case  '3':
                cls( ); color( BLACK );
                locate( 0, 0 ); strsend( "Program Stop" );
                while( 1 );

                default:
                break;
            }
    }
}
void csend( unsigned char c )                    // 1ワード送信
{
    while( !( siobc & 0x04 ) )
            ;

    siobd = c;
}
void strsend( unsigned char* str )               // 文字列送信
{
    while( *str != '\0' )
    {
        csend( *str );
        str++;
    }
}
unsigned char crecv( void )                      // 1ワード受信
{
    while( !( siobc & 0x01 ) )
            ;

    return siobd;
}
void locate( int x, int y )                      // カーソル移動
```

図 12.8 (つづき)

```
{
    char    s_buf[50];
    sprintf( s_buf, "\033[%d;%dH", y, x );
    strsend( s_buf );
}
void color( int code )                      // 色指定
{
    char    s_buf[50];

    sprintf( s_buf, "\033[%dm", code );
    strsend( s_buf );
}
void cls( void )                            // 画面消去
{
    strsend( "\033[2J" );
}
```

図 12.8 （つづき）

12.2 Z84C15 ライブラリ

　これまで作成してきたプログラムについては，頻繁に使用する関数やポートアドレス，#define マクロを一括定義し，ライブラリ化しておくと，今後のプログラミング作業で非常に便利である．7.6 節で述べた，ライブラリとヘッダファイルの作成方法を参照しながら，Z84C15 のプログラミングに有用な，ヘッダファイル"z84.h" とライブラリファイル"z84lib.lib" を作成しよう．

　まず，ヘッダファイル"z84.h" を作成する．このファイルには，ポートアドレス定義と色指定の色コード（エスケープシーケンスにおける文字属性），ライブラリ化する関数群のプロトタイプ宣言を記述する．ここでは，Z84C15 に内蔵されている周辺デバイス，Z80-PIO（Z84C20）と Z80-SIO（Z84C4x），Z80-CTC（Z84C30）についてのポートアドレスを sfr at 文で定義することにする．

　色コードは，必要なコードを #define で羅列すればよい．ここでは簡単化のために，赤色反転と黒色だけを記述することにする．

　関数については，以下について定義する．

1) 1 バイト送信　　　csend

2）1バイト受信　　　crecv
3）文字列送信　　　strsend
4）割込み有効　　　enable_interrupt
5）割込み無効　　　disable_interrupt
6）時間待ち　　　　wait
7）カーソル移動　　locate
8）色指定　　　　　color
9）画面消去　　　　cls

上記について作成したヘッダファイル"z84.h"の内容を，**図 12.9**に示す。

つぎに，ライブラリ化する関数群を"_z84lib.c"というファイル名で定義する。このファイルには，sfr at 文で定義したポートアドレスや，標準関数の sprintf を使用するので，先ほど作成した"z84.h"と"stdio.h"をイン

```
#define      RED_REVERSE   41           // 赤色・反転表示コード
#define      BLACK         30           // 黒色コード

// PIO アドレス定義
sfr at 0x1c    pioad;
sfr at 0x1d    pioac;
sfr at 0x1e    piobd;
sfr at 0x1f    piobc;

// SIO アドレス定義
sfr at 0x18    sioad;
sfr at 0x19    sioac;
sfr at 0x1a    siobd;
sfr at 0x1b    siobc;

// CTC アドレス定義
sfr at 0x10    ctc0;
sfr at 0x11    ctc1;
sfr at 0x12    ctc2;
sfr at 0x13    ctc3;

void              csend( unsigned char data );
void              strsend( unsigned char* mesg );
unsigned char     crecv( void );
void              enable_interrupt( void );
void              disable_interrupt( void );
void              wait( long time );
void              locate( int x, int y );
void              color( int code );
void              cls( void );
```

図 **12.9** ヘッダファイル"z84.h"

12. 応用プログラミング

クルードしなければならないことに注意する。

通常，コンパイラ標準のヘッダファイル保存ディレクトリに存在するヘッダファイル ("include" ディレクトリ) をインクルードする場合は，<stdio.h>のように指定し，ユーザディレクトリを指定する場合は，相対パスを "z84.h" のようにダブルクォーテーションで囲む。

図 *12.10* に，ライブラリ化する定義ファイル "_z84lib.c" を示す。

```c
#include     <stdio.h>
#include     "z84.h"

void csend( unsigned char c )          // 1ワード送信
{
    while( !( siobc & 0x04 ) )
        ;
    siobd = c;
}

void strsend( unsigned char* str )     // 文字列送信
{
    while( *str != '\0' )
    {
        csend( *str );
        str++;
    }
}

unsigned char crecv( void )            // 1ワード受信
{
    while( !( siobc & 0x01 ) )
        ;
    return siobd;
}

void enable_interrupt( void )          // 割込み有効
{
    _asm
    ei
    _endasm;
}

void disable_interrupt( void )         // 割込み無効
{
    _asm
    di
    _endasm;
}

void wait( long time )                 // 時間待ち
{
```

図 *12.10* ライブラリ定義ファイル "_z84lib.c"

12.2 Z84C15 ライブラリ

```
        while(time-- )
            ;
}
void locate( int x, int y )            // カーソル移動
{
    unsigned char s_buf[50];

    sprintf( s_buf, "\033[%d;%dH", y, x );
    strsend( s_buf );
}
void color( int code )                 // 色指定
{
    unsigned char s_buf[50];

    sprintf( s_buf, "\033[%dm", code );
    strsend( s_buf );
}
void cls( void )                       // 画面消去
{
    strsend( "\033[2J" );
}
```

図 12.10 （つづき）

あとは，7.6節で説明した方法に従ってライブラリファイル "z84lib.lib" を生成すればよい．ヘッダファイルとライブラリを使用すると，メインプログラムファイルが非常にすっきりする．これらを用いると，12.1.3項〔5〕で作成したメニュー画面のソースファイルは，**図 12.11** のように簡単になる．

7.6節で説明したが，ライブラリを使用したソースファイルをコンパイルする場合は，ソースファイル名とライブラリファイル名を併記して指定しなければならない．そうでないと，ライブラリが結合されない．

```
#include    "z84.h"

void main( void )
{
    while( 1 )
    {
        cls( ); color( BLACK );
        locate( 10, 5 ); strsend( "TEST MENU" );
        locate( 5, 8 );      strsend( "[1] Data Logging" );
        locate( 5, 9 );      strsend( "[2] Data Output" );
        locate( 5, 10 ); strsend( "[3] Program Stop" );
        locate( 5, 13 ); color( RED_REVERSE );
        strsend( "Please Input Number[1]-[3] --> " );

        switch( crecv( ) )
```

図 12.11 ライブラリを使用したメニュー画面プログラム

```
                {
                    case    '1':
                    cls( ); color( BLACK );
                    locate( 10, 5 ); strsend( "Data Logging Mode" );
                    locate( 5, 13 ); color( RED_REVERSE );
                    strsend( "[0]: Return Menu " );
                    while( crecv( ) != '0' );
                    break;

                    case    '2':
                    cls( ); color( BLACK );
                    locate( 10, 5 ); strsend( "Data Output Mode" );
                    locate( 5, 13 ); color( RED_REVERSE );
                    strsend( "[0]: Return Menu " );
                    while( crecv( ) != '0' );
                    break;

                    case    '3':
                    cls( ); color( BLACK );
                    locate( 0, 0 ); strsend( "Program Stop" );
                    while( 1 );

                    default:
                    break;
                }
            }
        }
```

図 12.11 (つづき)

12.3 LED 点灯制御/スイッチ入力

　この節では，Z80-PIO もしくは Z84C15 の内部 PIO，Z84C20 を用いた LED 点灯制御とスイッチ入力について述べる．Z80-PIO のポートを使い，8 個のスイッチ入力のパターンにより LED を任意に点灯，消灯させるプログラムについて解説する．

　LED を点灯させるには，**図 12.12** に示すような回路が必要である．ポート

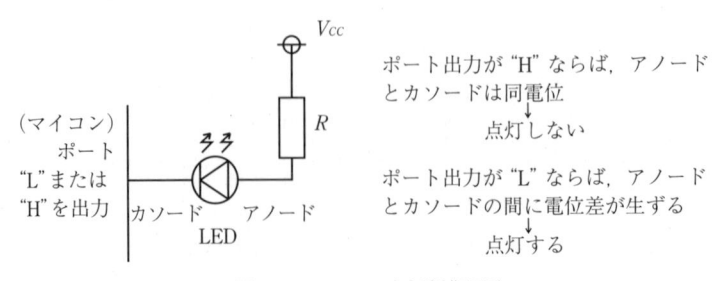

図 12.12　LED 点灯制御回路

12.3 LED 点灯制御/スイッチ入力

の出力ビットが H であれば，LED のカソード側の電位がアノード（anode）側の電位（すなわち V_{CC}）と同電位になり，LED に電流は流れず消灯する。一方，出力ビットが L であれば，LED のアノード–カソード（cathode/kathode）間に電位差が生じ，LED に順方向電流が流れて点灯する。LED を接続するビットは，出力に設定しなければならない。つまり，Z80-PIO であれば，制御語レジスタの入出力設定で，出力ビットに 0 を指定する必要がある。一方，スイッチ入力をポートに伝えるためには，**図 12.13** のような回路が必要である。

ON で L レベル入力
OFF で H レベル入力

図 12.13 スイッチ入力回路

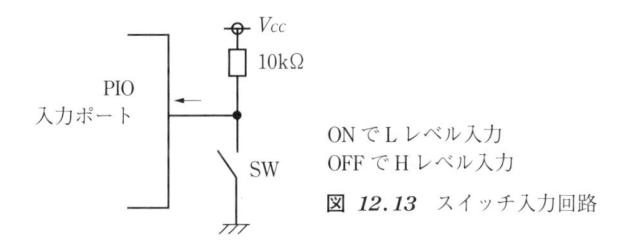

図 12.12 に示す回路において，LED 8 個を Z80-PIO（Z84C20）のポート A，スイッチ 8 個をポート B に接続したとする。スイッチの 0 ビット目が ON，残りすべてが OFF のときだけすべての LED が点灯し，それ以外の場合はすべて消灯するには，つぎのようなプログラムが必要になる（主要な部分だけを掲載，12.2 節で作成したライブラリとヘッダファイル，z84lib.lib と z84.h を使用した）。

```
#include   "m01.h"
void       pioinit( void );
void main( void )
{
    pioinit( );
    while( 1 )
    {
        if( piobd == 0xfe )
            piobd = 0x00;
        else
            piobd = 0xff;
    }
}

void pioinit( void )
```

12. 応用プログラミング

```
{
    pioac = 0xcf;
    pioac = 0x00;
    piobc = 0xcf;
    piobc = 0xff;
}
```

コーヒーブレイク

近年のワンチップマイコン

　近年，小規模なワンチップマイコンが数多く市販されている。代表的なものに，Microchip 社の PIC，Atmel 社の AVR などが挙げられる。これらは，ワンチップマイコンの中でも専用コントローラとして特に必要な機能を凝縮した組込みマイコンで，経済性，利便性，汎用性が非常に高い。

　手ごろなもので，1 個当り 200 円〜1 000 円程度である。8 ピンから 40 ピン程度の Dip タイプ（IC 程度の大きさ！）が一般に普及しており，市販されている。これらは Z80 とは異なる構造をしており，機械語ももちろん違う。しかし，一度マイコンの使い方を習得すれば，どんなものでも応用できるはずだ。関連書籍も多く出版されているので挑戦してみるとよい。

　これらの最大の特徴は，必要な周辺デバイスがすべてワンチップに集約されていることだ。本書でも紹介している Z84C15 もワンチップではあるが，メモリは別である。PIC や AVR は RAM やフラッシュ ROM まで内蔵しており，プログラムを書き込んでおくことも可能だ。あとは外部に発振子を接続し，電源を投入するだけで，即動作する。

　シリーズのクラスにもよるが，最高 20 MHz 程度で動作する。かなり高速なので，複雑な処理にも対応できる。カウンタやタイマなどを備えており，CTC 割込みも可能だ。中には PWM やシリアル通信ポートを備えているものもある。

　ワンチップマイコンの便利な使い方は，システムの中の特定機能を実現するモジュールとして活用することだ。必要な機能を満たす IC が見つからない場合など，小型のワンチップマイコンにプログラムを書き込んで，メイン CPU を補佐するモジュールとして使用する。言い換えれば，「自分専用 IC」をつくることである。

　開発環境やコンパイラは，製造元でも用意されている。また，サードパーティ製やフリーウェア形態のものもある（SDCC は PIC にも対応している）。また，プログラムはライタまたはプログラマと呼ばれる装置（手ごろな価格のキットがある）とソフトウェアを使用する。

　Z84C15 とワンチップマイコンを組み合わせて，コンパクトかつ大胆なシステムを設計してみたらいかがだろう。

12.4 ステッピングモータ制御

12.4.1 ステッピングモータの概要

ステッピングモータは，パルスを与えることで回転するモータである。円周様に配置されたコイルを，パルスによって励磁させ，永久磁石との反発力を利用して回転させる（図 *12.14*）。種類によって，パルス一発当りで進む回転角度（これを**ステップ角**という）が異なる。例えば，1.8 deg/step と表記されているステッピングモータは，1パルス当り $1.8°$ 回転する。さらに，種類によってコイルの数も異なる。例えば，励磁コイルが2相含まれているものは2相ステッピングモータといい，パルスを与える信号入力系が2系統（信号線は $A, B,$ $\overline{A}, \overline{B}$ の4本）用意されている。

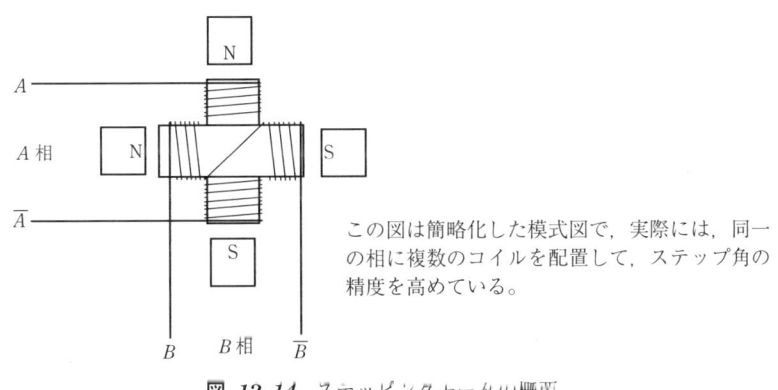

この図は簡略化した模式図で，実際には，同一の相に複数のコイルを配置して，ステップ角の精度を高めている。

図 *12.14* ステッピングモータの概要

12.4.2 制 御 方 法

マイコンのポートからコイルを励磁させるためには，出力ポートからパルスを送る。ただし，コイルの励磁に必要な電力を得るために，ポートにトランジスタを接続しなければならない。Z80 に限らず，ほとんどのマイコンは，直接コイルを励磁させることができないので，ステッピングモータを動作させるために，図 *12.15* に示すようなドライブ回路が必要となる。

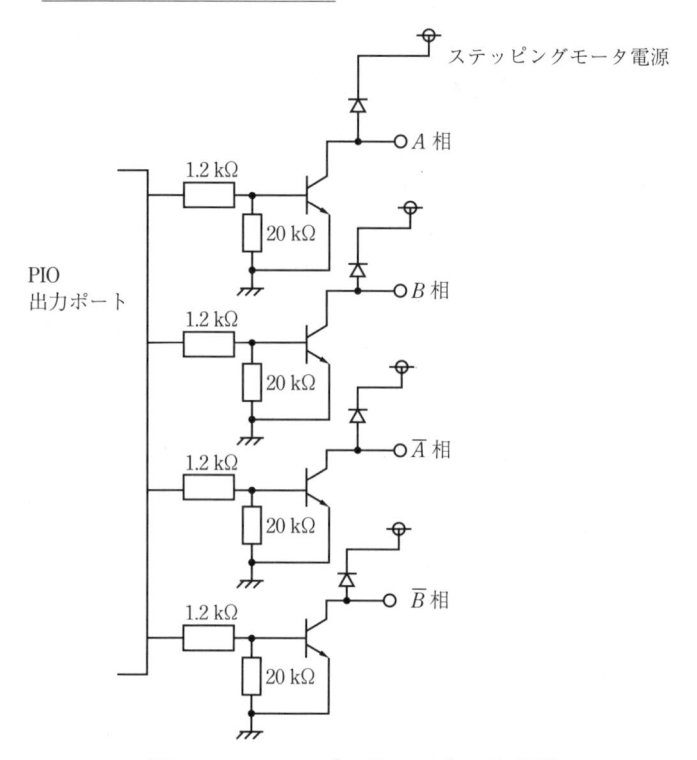

図 12.15 ステッピングモータドライブ回路

この回路を用いて，ステッピングモータをプログラムで制御してみよう。ステッピングモータの各相に順番に励磁信号を印加すればモータは回転する。

ステッピングモータの励磁方式は3通りある。第1は，**1相励磁**（1 phase excitation）である。1相励磁は，1ステップにつき1相を励磁する方式である。つまり，①A相，②B相，③$\overline{A}$相，④$\overline{B}$相の順に1パルスずつ，信号線に励磁信号を印加していく（**図 12.16**）。

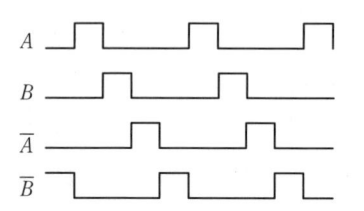

図 12.16 1相励磁の励磁パターン

第2は，**2相励磁**（2 phase excitation）である。これは，1ステップにつき2相を同時に励磁する方式である。つまり，①A相とB相，②B相と$\overline{A}$相，③$\overline{A}$相と$\overline{B}$相，④$\overline{B}$相とA相の順に2パルスずつ，信号線に励磁信号を印加していく（**図 12.17**）。2相励磁は二つのコイルを同時に励磁させるので，1相励磁に比べ**トルク**（torque）が大きい。

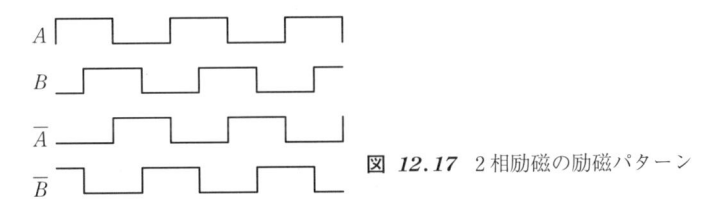

図 12.17 2相励磁の励磁パターン

第3は，**1-2相励磁**（1-2 phase excitation）である。これは，1相励磁と2相励磁を交互に繰り返す方式である。つまり，①A相，②A相とB相，③B相，④B相と$\overline{A}$相，⑤$\overline{A}$相，⑥$\overline{A}$相と$\overline{B}$相，⑦$\overline{B}$相，⑧$\overline{B}$相とA相の順に，信号線に励磁信号を印加していく（**図 12.18**）。1-2相励磁は他方式に比べステップ角が半分になるので，回転精度が2倍になる。

図 12.18 1-2相励磁の励磁パターン

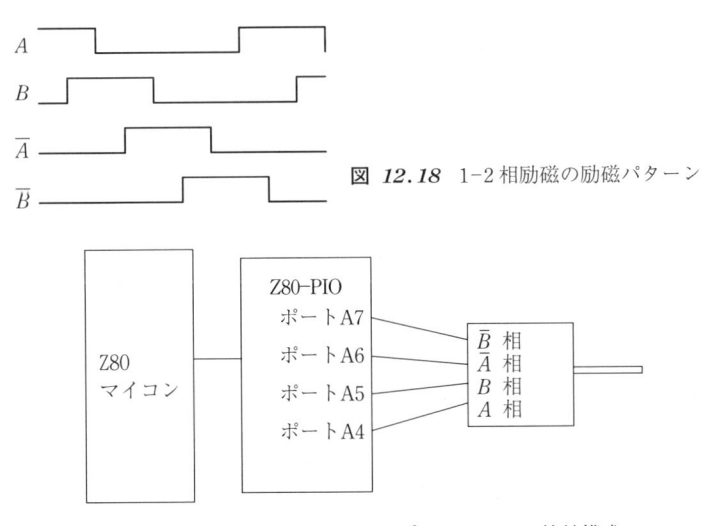

図 12.19 マイコンとステッピングモータの接続構成

ステッピングモータをマイコンで動作させるには，ステッピングモータの各相をI/Oポートに接続し，対応する各相へパルスを出力すればよい．例えば，図 *12.19* に示すようにマイコンとステッピングモータが接続されているとすると，1相励磁で制御するプログラムの例としては，図 *12.20* のようになる．

```
#define      WTTIME      1500
sfr at       0x1c pioad;
sfr at       0x1d pioac;

void wait( long );

void main( void )
{
    pioac = 0xcf;
    pioac = 0x00;

    while( 1 )
    {
        pioad = 0x10;          // A相
        wait( WTTIME );

        pioad = 0x20;          // B相
        wait( WTTIME );

        pioad = 0x40;          // ~A相
        wait( WTTIME );

        pioad = 0x80;          // ~B相
        wait( WTTIME );
    }
}

// 時間稼ぎ
void wait( long time )
{
    while( time-- );
}
```

図 *12.20* 1相励磁における動作プログラム

12.5 DCモータ制御

12.5.1 正逆回転制御

DCモータの正転（CW），逆転（CCW）を制御するためには，**Hブリッジ回路**（H-bridge circuit）（図 *12.21*）を構成する必要がある．図中で，Tr3とTr0のトランジスタがONで，かつ，Tr2とTr1のトランジスタがOFFのとき，す

12.5 DCモータ制御　193

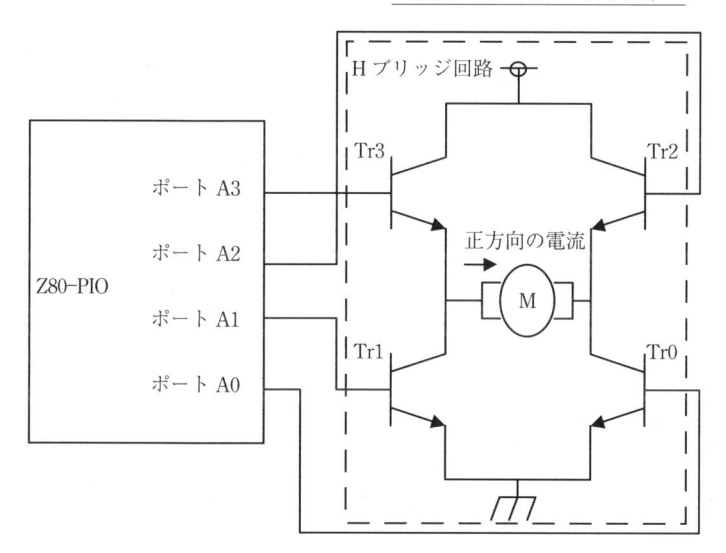

図 12.21 PIOとHブリッジの接続

なわち，Tr3とTr0にベース電流が流れ，それ以外のトランジスタにベース電流が流れていないときは，モータに対し電流は正方向に流れる（図中において電流の方向を定義している）。これとはまったく逆のパターンであるときは，モータに対し電流は逆方向に流れる。さらに，Tr3とTr2をON，かつ，Tr1とTr0をOFF（またはこの逆パターンでも等価）とすると，モータの両極が短絡するのでブレーキとなる。加えて，モータへの電流供給を行わないパターン（例えば，すべてのトランジスタをOFF）であるときは，モータの回転は停止する。この場合，ブレーキとは異なり，慣性を維持して緩やかに回り続け，やがて停止する。これらをまとめると，**表12.2**のようになる。

表 12.2 Hブリッジの入力パターン

Tr3	Tr2	Tr1	Tr0	モータ動作
ON	OFF	OFF	ON	正転
OFF	ON	ON	OFF	逆転
ON	ON	OFF	OFF	ブレーキ
OFF	OFF	ON	ON	ブレーキ
OFF	OFF	OFF	OFF	停止

実際に，Hブリッジを使用して，DCモータの正逆回転制御を実現してみよう。PIOの出力信号を用いて，一定間隔おきに正転，逆転を繰り返すプログラムを**図12.22**に示す。

```
#define       TR3      0x08
#define       TR2      0x04
#define       TR1      0x02
#define       TR0      0x01

// PIO アドレス定義
sfr at        0x1c     pioad;
sfr at        0x1d     pioac;

void wait( long time );

void main( void )
{
    pioac = 0xcf;
    pioac = 0x00;
    while( 1 )
    {
        pioad = TR3 | TR0;    // 正転
        wait( 60000 );
        pioad = TR2 | TR1;    // 逆転
        wait( 60000 );
        pioad = TR3 | TR0;    // 正転
        wait( 60000 );
        pioad = TR1 | TR0;    // ブレーキ
        wait( 3000 );
        pioad = TR2 | TR1;    // 逆転
        wait( 60000 );
        pioad = 0x00;         // 停止
        wait( 3000 );
    }
}

// 時間稼ぎ
void wait( long time )
{
    while( time-- );
}
```

図 *12.22* DCモータ正転・逆転制御プログラム

12.5.2 PWM 制　御

PWMとは，pulse width modulation（パルス幅変調）の略で，定電圧電源で電力を制御するときに使われる技術である。PWMの概要を**図12.23**に示す。

電気回路において，ONとOFFを繰り返す一定周期の信号があるとする。ONの時間の割合とOFFの時間の割合を変化させれば，単位時間内に供給する

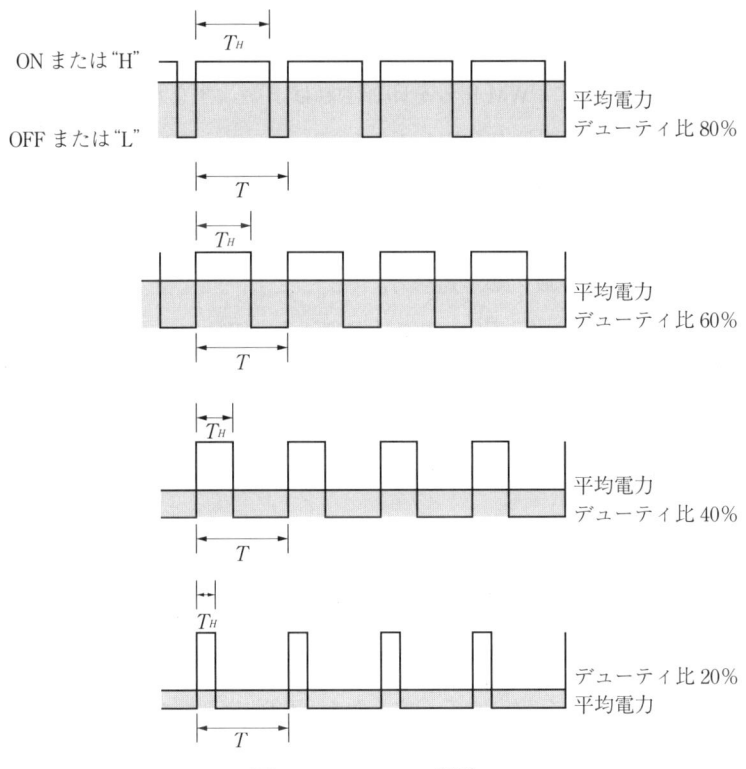

図 12.23 PWM の概要

平均電力を変化させることができる．ディジタル回路においては，ON を "H"，OFF を "L" と置き換えて考えることも可能である．

いずれにせよ，1周期に対するON または "H"，すなわちアクティブな時間の割合を，**デューティ比**（duty ratio）と呼ぶ．つまりデューティ比 D は

$$D = \frac{T_H}{T}$$

で与えられる．ただし，T は周期，T_H は1周期におけるアクティブな時間である．

例えば，DC モータの回転数制御は，PWM を用いて実現することができる．モータへの通電を PWM で制御すれば，単位時間当りの平均電力を可変でき，回転数を調節できる．ほかには LED 点灯の明るさを可変することも

できる．デューティを下げれば通常よりも暗くすることが可能だ．

図 12.21 で示した H ブリッジ回路において PWM 制御を導入するには，トランジスタのベースに PWM 信号を印加すればよい．すなわち，トランジスタの ON/OFF 切り替え間隔を PWM によるデューティ比の変化で実現することができる．

PWM 信号を生成するには，CTC 割込みを用いるのがよい．以下に，CTC を用いた PWM 信号の生成手順を述べる．

ここでは，Z80-CTC（Z84C4x）のタイマ割込み（CTC のチャネルは 0 を使用）を，割込みモード 2 で動作させる．また，PWM 信号は LED の点滅で確認できるように周期を非常に遅くし，Z80-PIO（Z84C20）のポート A，0 ビット目から出力させる．

〔メインルーチンでの手順〕
1) PIO の初期設定を行う．
2) 割込みに関する初期設定を行う．割込みモードをモード 2 に設定し，割込みベクトルを配置する．
3) CTC の時定数を設定する．すなわち，CTC を初期化するとともに，時定数をレジスタにロードする．
4) 割込みを有効にする．
5) 無限ループ．

〔タイマ割込みルーチンでの手順〕
1) 静的変数 cnt を宣言し，ゼロクリアする．
2) 割込みを無効にする．
3) cnt が最大値に達したなら，cnt をゼロクリアする．
4) cnt がある一定値に達したなら，PIO 出力を "H" にし，さもなくば "L" とする．すなわち，cnt は PWM のデューティ比を決定づけるパラメータとなる．
5) cnt をインクリメントする．
6) 割込みを有効にする．

〔動作原理〕

PIO 出力は "L" としておく．タイマ割込みがかかるたびに，静的変数 cnt をインクリメントする．cnt が一定値に達すれば，PIO 出力を "H" にする（この "一定値" はデューティ比を決定する定数となる）．さらに，cnt が最大値に達すれば，cnt をゼロクリアする（**図 12.24**）．

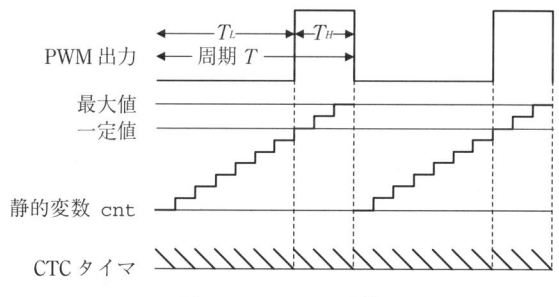

図 12.24 PWM 動作原理

以上の方法で作成した PWM 発生プログラムの例を，**図 12.25** に示す．

実際に DC モータを H ブリッジと PWM によって回転数を制御するためには，PIO のポートから，上記で述べた方法で PWM 信号を出力させ，H ブリッジのトランジスタ（ベース）に入力する．この方式は，**図 12.26** で示す構成で実現できる．

```
#include     "z84.h"
#define      PERIOD           50
#define      USUAL            0x01
#define      CHANNEL_RESET    0x02
#define      TC_FOLLOWS       0x04
#define      EXT_TRIGGER      0x08
#define      UPEDGE           0x10
#define      PRESCALE_256     0x20
#define      COUNTER_MODE     0x40
#define      ENABLE_INT       0x80
#define      IVECA            #0x9000
#define      IVECL            0x00
#define      IVECH            #0x90
#define      IRTNO            #0x804f
#define      TMRLPMAX         100
#define      PWM_MAX          1000

void    pioinit( void );
void    intinit( void );
```

図 12.25 PWM 発生プログラム例

```c
void    set_time_constant( unsigned char tc );
void    timer_isr( void ) interrupt;
int     pwm_val;

void main( void )
{
    pwm_val = 500;
    pioinit( );
    intinit( );
    set_time_constant( PERIOD );
    enable_interrupt( );
    while( 1 );
}

void intinit( void )
{
    _asm
    //割込みベクトル上位バイトをIレジに格納
    LD    A, IVECH
    LD    I, A

    // CTC の割込みルーチン先頭アドレスを，割込みベクトルに格納
    LD    HL, IRTN0
    LD    (IVECA), HL
    IM    2

    _endasm;
}

void pioinit( void )
{
    pioac = 0xcf;
    pioac = 0x00;
}

void set_time_constant( unsigned char tc )
{
    ctc0 = ENABLE_INT | PRESCALE_256 | UPEDGE | TC_FOLLOWS | CHANNEL_RESET | USUAL;
    ctc0 = tc;
    ctc0 = IVECL;
}

void timer_isr( void ) interrupt
{
    static int    cnt = 0;

    disable_interrupt( );

    if( cnt > PWM_MAX )
        cnt = 0;

    if( cnt > pwm_val )
        pioad = ~0x01;
    else
        pioad = ~0x00;
    cnt++;

    enable_interrupt( );
}
```

図 12.25 （つづき）

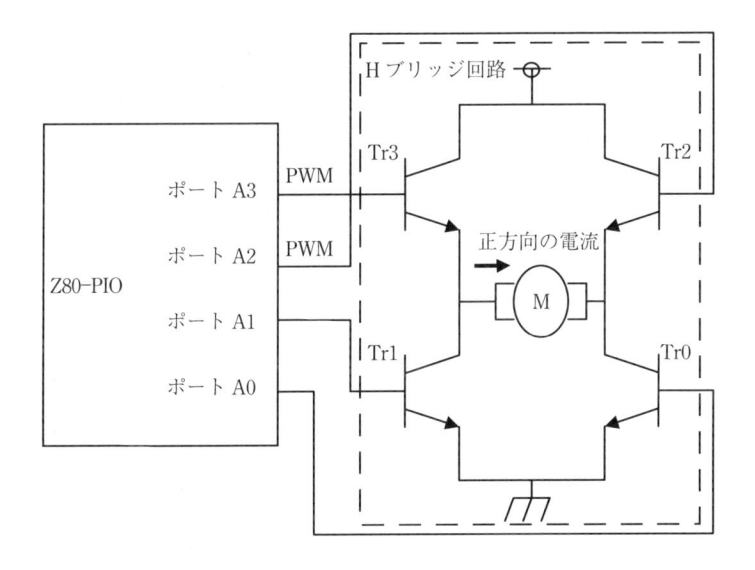

A3	A2	A1	A0	モータ動作
PWM	L	L	H	回転数制御正転
L	PWM	H	L	回転数制御逆転
H	H	L	L	ブレーキ
L	L	H	H	ブレーキ
L	L	L	L	停止

図 12.26 Hブリッジ/PWMによるDCモータ回転数制御

演 習 問 題

【1】 2相励磁でステッピングモータを回転させるプログラムを作成せよ。

【2】 1-2相励磁でステッピングモータを回転させるプログラムを作成せよ。

13

状態遷移表によるプログラミング

13.1 条件分岐の限界

　通常，手続き型プログラミング（procedural programming）は，時間経過とともに必要な手続きを順番に処理し，条件によって分岐する，あるいは条件が合致するまで繰り返す，という考え方で記述する方法である．この方法は，複数の条件が交錯し，処理が相当に多分岐になった場合，プログラマを混乱させる．さらに，仕様の変更により条件が増えると，分岐後の処理を書き換えなくてはならないこともよくある．特に，マイコンでハードウェアのさまざまな入出力が条件分岐に影響を及ぼす場合，この現象は顕著に現れる．

　この手続き型プログラミングを発展させ，条件（condition）によって，状態（state）が遷移していく様子を表（つまり配列）にする方法が，「ステートマシン構成型プログラミング」である．ただし，「ステートマシン構成型プログラミング」とは，著者の造語である．公式な表現は確認できないので，本書では，この表現を利用することをお断りしておく．

　また，状態が条件によって遷移する仮想機械を**ステートマシン**または**状態機械**（state machine）と呼ぶ．「ステートマシン構成型プログラミング」を行うためには，ステートマシンをあらかじめ設計しなければならない．

13.2 ステートマシンの構成手順

　ステートマシンは，以下の手順によって構成する．

13.2.1 状態遷移図の作成

処理には，いくつかの状態が存在する．状態は，条件により変化（遷移）する．条件と状態遷移の様子を図に表したものが，**状態遷移図**（state transition diagram）である（**図 13.1**）．

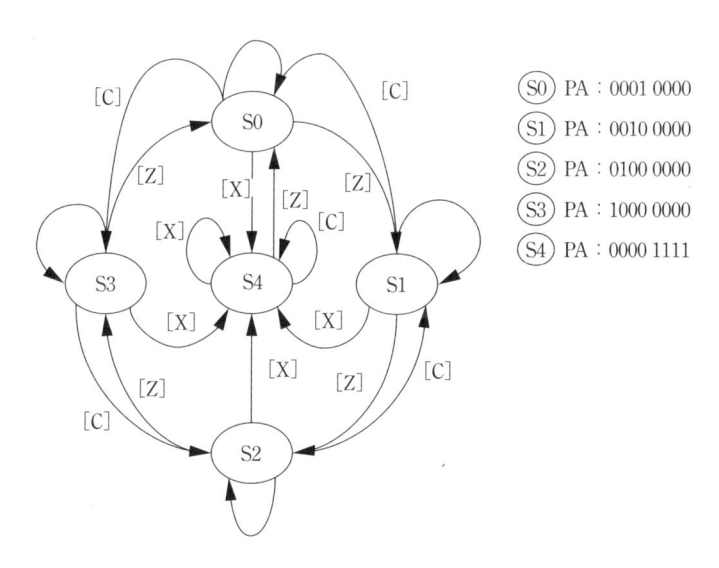

図 13.1 状態遷移図の例

ステートマシンの各状態は円で表される．円内には状態識別のための記号を記す．状態の遷移は矢印で表す．また，状態が遷移するための条件を矢印の上に記す．状態が遷移しない，つまり同じ状態を維持する場合も，自身の状態に対して矢印を付加する．以上の作業で，すべての状態遷移を図に表記すれば，ステートマシンの設計は完了である．

13.2.2 状態遷移表の作成

つぎに状態遷移図を**状態遷移表**（state transition table）に置き換える．状態遷移表はプログラミング時に配列データとして用いるために必要なものである．以下の要領で作成する．行項目に状態，列項目に遷移条件を羅列する．例えば，5状態，3条件のステートマシンであれば，5行3列の表になる．行項

目に並べた状態は現在の状態を表している．現在の状態が条件によってどの状態に遷移していくのかを状態遷移図を参照しながら表に書き込んでいく．図 13.1 で示した状態遷移図を状態遷移表に置き換えると**表 13.1**のようになる．

表13.1 状態遷移表の例

現在の状態	つぎの状態		
	Z キー入力	X キー入力	C キー入力
S0	S1	S4	S3
S1	S2	S4	S0
S2	S3	S4	S1
S3	S0	S4	S2
S4	S0	S4	S4

13.2.3 状態遷移表の配列化

いよいよプログラミングに取り掛かる．状態遷移表をプログラム上で二次元配列として定義する．状態遷移表を格納する配列変数は，整数型として宣言する．加えて，配列の添え字番号が状態あるいは遷移条件に相当するので，添え字番号を #define でわかりやすい表現に置き換えると便利である．表 13.1 で示した状態遷移表を配列化したものをつぎに示す．

```
#define   S0    0
#define   S1    1
#define   S2    2
#define   S3    3
#define   S4    4
#define   IN_Z  0
#define   IN_X  1
#define   IN_C  2
  (中略)
    int  state[5][3] = { { S1, S4, S3 },
                         { S2, S4, S0 },
                         { S3, S4, S1 },
                         { S0, S4, S2 },
                         { S0, S4, S4 } };
```

13.2.4 現在の状態を保持する変数を宣言する

プログラム実行中における，「現在の状態」を保持する変数を宣言する．同時にプログラム起動時に設定する状態を代入する．

例 13.1

```
    int   now_state = S0;
```

13.2.5 条件を決定する

状態遷移するための条件を決定する。条件は，ポートの入力値であったり，割込みであったり，あるいはプログラム内部で定まるものであったりする。例えば，SIO を利用した，キーボードからの入力値によるものであれば，つぎのような条件決定が必要となる。ここでは condition が，状態遷移表配列の条件を示す変数に相当する。

```
switch( ( key = crecv( ) ) )
{
    case 'z':
    case 'Z':
    condition = IN_Z;
    break;

    case 'x':
    case 'X':
    condition = IN_X;
    break;

    case 'c':
    case 'C':
    condition = IN_C;
    break;

    default:
    break;
}
```

13.2.6 条件により，状態を遷移させる

条件によって，状態を遷移させなくてはならない。このとき与えられる条件は，各状態の処理の中で（本項参照），あるいは別の箇所で決定させるようにプログラミングする。状態を遷移させ，「現在の状態」を更新するために，以下のような一行を加える。

例 13.2

```
    now_state = state[now_state][condition];
```

13.2.7 状態に応じて処理を分岐させる

「現在の状態」を保持する変数の値によって，処理を分岐させる。switch...case 構文が便利である。switch...case 構文を用いた例を，以下に示す。

```
switch( now_state )
{
    case  S0:
    pioad = ~0x10;
    strsend( "state 0¥n" );
    break;

    case  S1:
    pioad = ~0x20;
    strsend( "state 1¥n" );
    break;

    case  S2:
    pioad = ~0x40;
    strsend( "state 2¥n" );
    break;

    case  S3:
    pioad = ~0x80;
    strsend( "state 3¥n" );
    break;

    case  S4:
    pioad = ~0x0f;
    strsend( "state 4¥n" );
    break;

    default:
    strsend( "error...¥n" );
}
```

上記の方法でプログラミングした後に，仕様の変更により条件や状態が増えれば，状態遷移図と状態遷移表に条件と状態を追加・訂正すればよい。これに伴い，状態遷移表から得られるプログラム上の配列データも更新する。あとは，switch...case 構文の処理を追加・訂正するだけで，動作仕様を大きく変えることができる。通常の分岐処理に比べ，はるかに効率的である。

13.3 「ステートマシン構成型プログラミング」を実践する

13.2.7項で挙げた手順をもとに，ターミナル表示を使った「ステートマシン構成型プログラミング」を実践してみよう。例を図 **13.2** に示す。

13.3 「ステートマシン構成型プログラミング」を実践する

```
#include     "z84.h"
#include     <stdio.h>

#define      S0      0
#define      S1      1
#define      S2      2
#define      S3      3
#define      S4      4
#define      IN_Z    0
#define      IN_X    1
#define      IN_C    2

void main( )
{
    int                 condition = IN_X;
    int                 now_state = S0;
    unsigned char       key;
    int                 state[5][3] = { { S1, S4, S3 },
                                        { S2, S4, S0 },
                                        { S3, S4, S1 },
                                        { S0, S4, S2 },
                                        { S0, S4, S4 } };

    pioac = 0xcf;
    pioac = 0x00;

    while( 1 )
    {
        switch( ( key = crecv( ) ) )
        {
            case    'z':
            case    'Z':
            condition = IN_Z;
            break;

            case    'x':
            case    'X':
            condition = IN_X;
            break;

            case    'c':
            case    'C':
            condition = IN_C;
            break;

            default:
            break;
        }

        now_state = state[now_state][condition];

        switch( now_state )
        {
            case    S0:
            pioad = ~0x10;
            strsend( "state 0¥n" );
            break;

            case    S1:
```

図 *13.2*「ステートマシン構成型プログラミング」例

```
                        pioad = ~0x20;
                        strsend( "state 1\n" );
                        break;

                    case    S2:
                        pioad = ~0x40;
                        strsend( "state 2\n" );
                        break;

                    case    S3:
                        pioad = ~0x80;
                        strsend( "state 3\n" );
                        break;

                    case    S4:
                        pioad = ~0x0f;
                        strsend( "state 4\n" );
                        break;

                    default:
                        strsend( "error...\n" );
                }
            }
        }
```

図 13.2 （つづき）

演 習 問 題

【1】 つぎの条件を満たすステートマシンの状態遷移図を示せ。
　　　① 4進アップカウンタであること。
　　　② リセットスイッチを押すとゼロクリアされること。
　　　③ カウント動作はクロック入力による。

【2】 【1】で示した状態遷移図の状態遷移表を記せ。

【3】 【2】で示した状態遷移表をC言語で配列化せよ。

引用・参考文献

1) 湯田幸八，伊藤　彰：Z80 アセンブラプログラミング入門，オーム社（1992）
2) 成田福雄：Z80 演算サブルーチンライブラリ，工学社（1991）
3) 倉石源三郎：Z80 マイコンのハードとソフト，東京電機大学出版局（1988）
4) シャープ株式会社：Z80 テクニカルマニュアル，株式会社エレクトロニクスダイジェスト書籍部（1982）
5) 相原隆文：Z80 実用マイコン製作，技術評論社（1992）
6) 相原隆文：Z80 プログラミング実習，技術評論社（1990）
7) 日高　徹：Z80 マシン語秘伝の書，啓学出版（1991）
8) 桜井千春：はじめて学ぶマイコンのハードとソフト，技術評論社（1981）
9) 鈴木美朗志：PIC プログラミングと制御実験，東京電機大学出版局（2003）
10) Sandeep Dutta：SDCC Compiler User Guide SDCC 2.5.1（2005）
11) トランジスタ技術 SPECIAL No.6 特集 Z80 ソフト＆ハードのすべて，CQ 出版社（1987）
12) 高橋晴雄，上向井照彦：Z-80 CPU インターフェースの周辺回路とプログラミング，日刊工業新聞社（1985）
13) 白土義男：図解ディジタル IC のすべて，東京電機大学出版局（1984）
14) 後閑哲也：電子工作のための PIC 活用ガイドブック，技術評論社（2000）
15) 後閑哲也：C 言語による PIC プログラミング入門，技術評論社（2002）
16) ZiLOG 社：Z80 CPU Peripherals User Manual，ZiLOG Worldwide Headquarters（2001）

演習問題解答

3章

【1】（あ）FF　（い）AA　（う）55
　　（え）0011 0000　（お）0011 1111　（か）1010 1011
【2】A＝5　B＝2（Bは変化しない）
【3】（2）の場合が異なる
　　（1）ではどちらもA＝2。（2）でははじめがA＝3，あとがA＝1となる。

4章

【1】〇は（3）（4）（6），×は（1）（2）（5）。
　　（注意）（6）は表現は正しいが，プログラムでは0AAHのように先頭にゼロをつける必要がある。
【2】〇は（1）（3）（5），×は（2）（4）。
　　（注意）プログラム中に同じ名前のラベルが二つ以上あるとエラーとなる。
【3】〇は（1）（2）（3）（5），×は（4）（6）。
　　（注意）（2）は50H番地の内容，（3）は32H番地の内容となる。
【4】8000H — 55
　　8001H — 44
　　8002H — 33
　　8003H — 00　（メモリ確保）
　　8004H — 43　（Cのアスキーコード）
　　8005H — 50　（Pのアスキーコード）
　　8006H — 55　（Uのアスキーコード）
　　8007H — 80　（ADD A, B のコード）

5章

【1】
```
LD C,A
LD (1000H),A
```

【2】 LD C,A
　　　LD A,B
　　　LD B,C

【3】 LD H,B
　　　LD L,C
　　　LD B,D
　　　LD C,E
　　　LD D,H
　　　LD E,L

【4】 LD HL,1000H
　　　LD B,A
　　　LD A,(HL)
　　　LD (HL),B

【5】 （1） LD A,55H　　　　（2） LD A,55H　　　　（3） LD BC,0055H
　　　　　　LD (1000H),A　　　　 LD HL,1000H　　　　 LD (1000H),BC
　　　　　　　　　　　　　　　　　 LD (HL),A

【6】 （1） LD HL,1300H　　 （2） LD A,(1300H)　　 （3） LD HL,(1300H)
　　　　　　LD B,(HL)　　　　　　 LD B,A　　　　　　　 LD B,L

【7】 LD (1000H),SP
　　　LD SP,HL
　　　LD HL,(1000H)

【8】 16進数計算　　　10進補正
　　　LD A,25H　　　　LD A,25H
　　　LD B,36H　　　　LD B,36H
　　　ADD A,B　　　　 ADD A,B
　　　HALT　　　　　　DAA
　　　　　　　　　　　HALT

【9】 16進数計算　　　10進補正
　　　LD A,82H　　　　LD A,82H
　　　LD B,36H　　　　LD B,36H
　　　SUB B　　　　　 SUB B
　　　HALT　　　　　　DAA
　　　　　　　　　　　HALT

【10】 16進数計算　　　10進補正
　　　LD BC 1299H　　LD BC 1299H
　　　LD HL 4391H　　LD HL 4391H
　　　ADD HL,BC　　　LD A,C
　　　HALT　　　　　　ADD A,L
　　　　　　　　　　　DAA
　　　　　　　　　　　LD L,A
　　　　　　　　　　　LD A,B
　　　　　　　　　　　ADC A,H
　　　　　　　　　　　DAA
　　　　　　　　　　　LD H,A
　　　　　　　　　　　HALT

【11】 LD A,03H
　　　ADD A,A

【12】 LD A,03H
　　　LD B,A
　　　ADD A,A
　　　ADD A,A
　　　ADD A,B
　　　ADD A,A

【13】　LD HL,0033H
　　　ADD HL,HL
　　　ADD HL,HL
　　　ADD HL,HL
　　　ADD HL,HL

【14】　LD A,C
　　　AND B

【15】　AND A, OR A (AとAのAND, ORは, Aの内容に変化はない)
　　　XOR A(AとAのXORは, 不一致のとき, 1となるので, Aの内容は00Hになる)
　　　この三つの命令はCY=0（キャリーフラグをリセット）に使用される。

【16】　LD HL,1000H
　　　OR 56H
　　　LD (HL),A
　　　LD A,B
　　　INC HL
　　　OR 56H
　　　LD (HL),A
　　　LD A,C
　　　INC HL
　　　OR 56H
　　　LD (HL),A
　　　HALT

【17】　LD A,03H
　　　SLA A
　　　SLA A
　　　SLA A

【18】　LD A,30H
　　　SRL A
　　　SRL A
　　　SRL A

【19】　LD HL,0330H
　　　SLA L
　　　RL H

【20】　LD HL,0330H
　　　SRL H
　　　RR L

【21】　LD B,66H
　　　RLC B
　　　RLC B
　　　RLC B

【22】　LD C,66H
　　　RRC C
　　　RRC C
　　　RRC C

【23】　LD H,1234H
　　　OR A
　　　RL L
　　　RL H
　　　RL L
　　　RL H
　　　RL L
　　　RL H

【24】　LD HL,0001H

```
     LOOP:ADD HL,HL
          JP NC,LOOP
          HALT
```

【25】（1）は絶対番地指定（2）（3）は相対番地指定となる。順にメモリが1バイトずつ少なくなる（注：LOOPの場所は同じ）。

```
(1)  JP                                    (2)  JR
          LD A,00H      3E 00                   LD A,00H
          LD B,0AH      06 0A                   LD B,0AH
     LOOP:ADD A,02H    C6 02                    ADD A,02H
          DEC B         05                      DEC B
          JP NZ,LOOP   C2 34 12                 JR NZ,LOOP    20 FB
          HALT          76                      HALT

(3)  DJNZ
          LD A,00H
          LD B,0AH
          ADD A,02H
          DJNZ LOOP    10 FC
          HALT
```

【26】
```
          AND A
          JP PE,EVEN
          LD B,01H
          JP STOP
     EVEN: LD B,00H
     STOP: HALT
```

【27】
```
CALL TIMER  により    (87FFH)=10H    (87FEH)=03H
CALL TIMER2 により    (87FDH)=12H    (87FCH)=43H
```

【28】
```
LD SP,8800H
PUSH BC
PUSH HL
POP BC
POP HL
```

【29】
```
LD SP,8800H
PUSH AF
POP BC
LD A,C
```

【30】
```
SET 7,B
RES 0,B
```

【31】
```
LD HL,1000H
LD A,(HL)
SET 7,A
LD (HL),A
```

【32】
```
          LD B,00H
          LD C,08H
     LOOP1:BIT 0,A
          JP Z,LOOP2
          INC B
     LOOP2:RR A
          DEC C
          JP NZ,LOOP1
          HALT
```

【33】 `OUT (00H),A`

【34】
```
LD C,01H
IN B,(C)
```

【35】
```
LD HL,1000H
LD B,0AH
LD C,02H
OTIR
HALT
```

【36】 CW=1001 0000H となる。
```
LD A,90H
OUT (03H),A
```

【37】 (1000H) → (2000H) ‥‥‥ (2000H) → (3000H) のように繰り返し行い，つぎに再び BC=0000H となるには，メモリ全部（64Kバイト）を転送する。

【38】 1005H 番地に 3EH が存在すると，HL=1006H, BC=0004H, Z=1, P/V=1。
存在しないと，HL=100AH, BC=0000H, Z=0, P/V=0。

【39】
```
LD 55H
CPL
LD B,A
INC A
LD C,A
HALT
```

【40】
```
SCF
CCF
```

【41】
```
XOR B
CPL
HALT
```

【42】 解図 5.1 にフローチャートを示す。

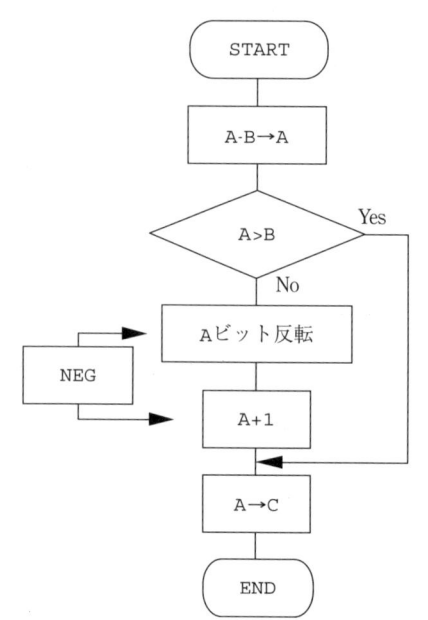

解図 5.1

```
(1)           ORG    8000H
(2)           SUB    B          8000H   90
(3)           JP     P,ABS      8001H   F2 06 80
(4)           CPL               8004H   2F
(5)           INC    A          8005H   3C
(6)  ABS:     LD     C,A        8006H   4F
(7)           HALT              8007H   76
(8)           END
```

【43】 解図 5.2 にフローチャートを示す。

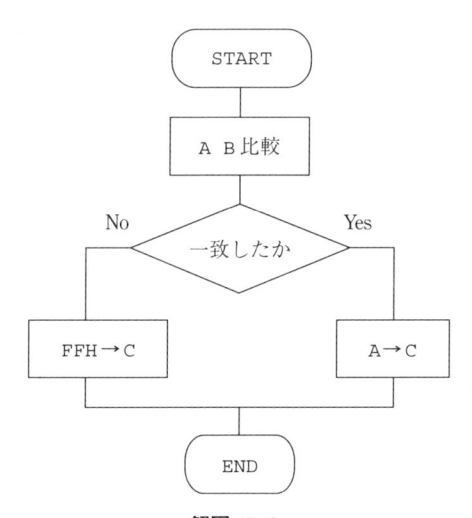

```
                    START
                      │
                   ┌──┴──┐
                   │A B比較│
                   └──┬──┘
                      │
              No  ┌───◇───┐  Yes
          ┌───────│一致したか│───────┐
          │       └───────┘        │
      ┌───┴───┐                ┌───┴───┐
      │FFH→C │                │ A→C  │
      └───┬───┘                └───┬───┘
          │                        │
          └───────────┬────────────┘
                      │
                    ( END )
```

解図 5.2

```
(1)           ORG    8000H
(2)           CP     B          8000H   B8
(3)           JP     Z,SAME     8001H   CA 09 80
(4)           LD     C,0FFH     8004H   0E FF
(5)           JP     STOP       8006H   C3 0A 80
(6)  SAME:    LD     C,A        8009H   4F
(7)  STOP:    HALT              800AH   76
(8)           END
```

【44】 解図 5.3 にフローチャートを示す。

```
(1)           ORG    8000H
(2)           LD     B,76H      8000H   06 76
(3)           LD     HL,0FFFFH  8002H   21 FF FF
(4)  LOOP:    INC    HL         8005H   23
(5)           LD     A,(HL)     8006H   7E
(6)           CP     B          8007H   B8
(7)           JP     NZ,LOOP    8008H   C2 05 80
(8)           HALT              800BH   76
(9)           END
```

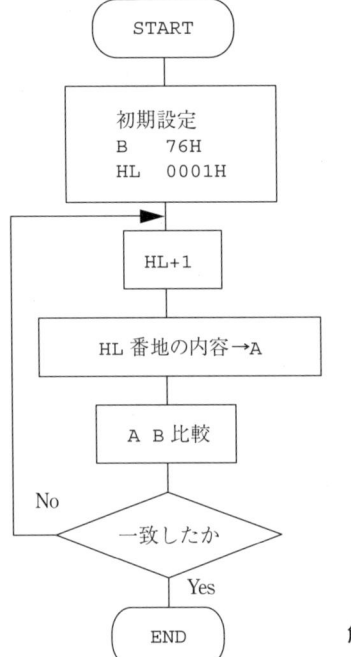

214　演習問題解答

```
                    START
                      │
                      ▼
                ┌──────────┐
                │  初期設定  │
                │  B   76H │
                │  HL 0001H│
                └──────────┘
                      │
          ┌──────────►│
          │           ▼
          │     ┌──────────┐
          │     │  HL+1    │
          │     └──────────┘
          │           │
          │           ▼
          │     ┌──────────────┐
          │     │ HL番地の内容→A │
          │     └──────────────┘
          │           │
          │           ▼
          │     ┌──────────┐
          │     │  A B 比較 │
          │     └──────────┘
          │           │
          │   No      ▼
          └─────◇ 一致したか ◇
                      │ Yes
                      ▼
                   ( END )         解図 5.3
```

【45】 図4.2のフローチャートを参照。

```
(1)               ORG   8000H
(2)               LD    A,00H       8000H   3E 00
(3)               LD    B,08H       8002H   06 08
(4)      LOOP:    ADD   A,B         8004H   80
(5)               DAA               8005H   27
(6)               DEC   B           8006H   05
(7)               JP    NZ,LOOP     8007H   C2 04 80
(8)               LD    (TOTAL),A   800AH   32 00 10
(9)               HALT              800DH   76
(10)     TOTAL    EQU   1000H
(11)              END
```

【46】 解図5.4にフローチャートを示す。図の右側は，サブルーチンを使用した場合を示す（【47】参照）。

```
(1)               ORG   8000H
(2)               LD    HL,1000H    8000H   21 00 10
(3)               LD    DE,2000H    8003H   11 00 20
(4)               LD    A,6FH       8006H   3E 6F
(5)               LD    B,30H       8008H   06 30
(6)               LD    (DE),A      800AH   12
(7)               AND   B           800BH   A0
(8)               LD    (HL),A      800CH   77
(9)               INC   HL          800DH   23
(10)              LD    A,(DE)      800EH   1A
(11)              OR    B           800FH   B0
```

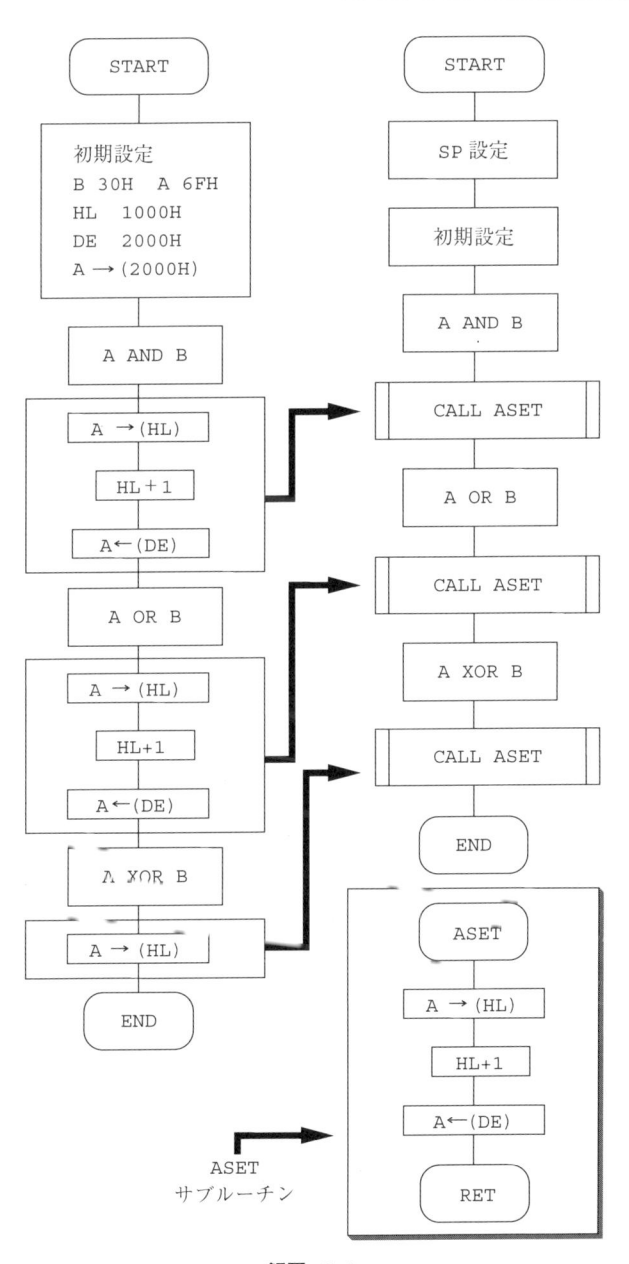

解図 5.4

左のフローチャート:

- START
- 初期設定
  B 30H　A 6FH
  HL　1000H
  DE　2000H
  A → (2000H)
- A AND B
- A → (HL)
- HL+1
- A ← (DE)
- A OR B
- A → (HL)
- HL+1
- A ← (DE)
- A XOR B
- A → (HL)
- END

右のフローチャート:

- START
- SP 設定
- 初期設定
- A AND B
- CALL ASET
- A OR B
- CALL ASET
- A XOR B
- CALL ASET
- END

ASET サブルーチン:

- ASET
- A → (HL)
- HL+1
- A ← (DE)
- RET

216　演　習　問　題　解　答

```
     (12)          LD       (HL),A      8010H  77
     (13)          INC      HL          8011H  23
     (14)          LD       A,(DE)      8012H  1A
     (15)          XOR      B           8013H  A8
     (16)          LD       (HL),A      8014H  77
     (17)          HALT                 8015H  7
     (18)          END
【47】(1)          ORG      8000H
     (2)          LD       HL,1000H    8000H  21 00 10
     (3)          LD       DE,2000H    8003H  11 00 20
     (4)          LD       A,6FH       8006H  3E 6F
     (5)          LD       B,30H       8008H  06 30
     (6)          LD       (DE),A      800AH  12
     (7)          AND      B           800BH  A0
     (8)          CALL     ASET        800CH  CD 50 80
     (9)          OR       B           800FH  B0
     (10)         CALL     ASET        8010H  CD 50 80
     (11)         XOR      B           8013H  A8
     (12)         CALL     ASET        8014H  CD 50 80
     (13)         HALT                 8017H  76
     ----------------------------------------------------
     (14) ASET:   LD       (HL),A      8050H  77
     (15)         INC      HL          8051H  23
     (16)         LD       A,(DE)      8052H  1A
     (17)         RET                  8053H  C9
     (18)         END
```

【48】　解図 5.5 にフローチャートを示す。フローチャートは LDIR 命令の場合も同じになる（【49】参照）。

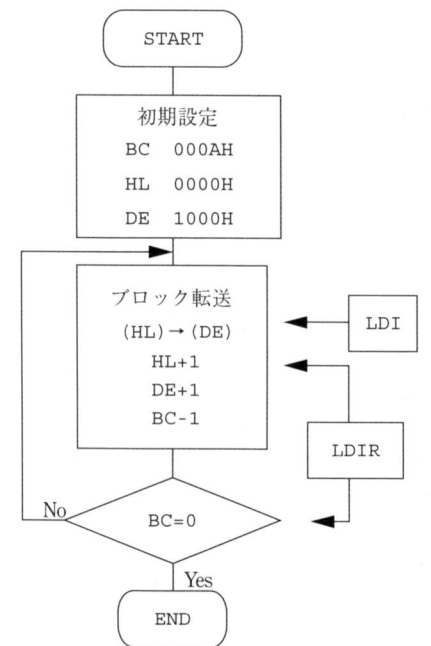

解図　5.5

(1)		ORG	8000H		
(2)		LD	BC,000AH	8000H	01 0A 00
(3)		LD	HL,0000H	8003H	21 00 00
(4)		LD	DE,1000H	8006H	11 00 10
(5)	LOOP:	LDI		8009H	ED A0
(6)		JP	PE,LOOP	800BH	EA 09 80
(7)		HALT		800EH	76
(8)		END			

【49】
(1)	ORG	8000H		
(2)	LD	BC,000AH	8000H	01 0A 00
(3)	LD	HL,0000H	8003H	21 00 00
(4)	LD	DE,1000H	8006H	11 00 10
(5)	LDIR		8009H	ED B0
(6)	HALT		800BH	76
(7)	END			

解図 5.6 に示すように，上記の例題を実行すると，順にデータが転送されていくが，転送元（0000H ～ 0009H）の内容はそのまま残る．

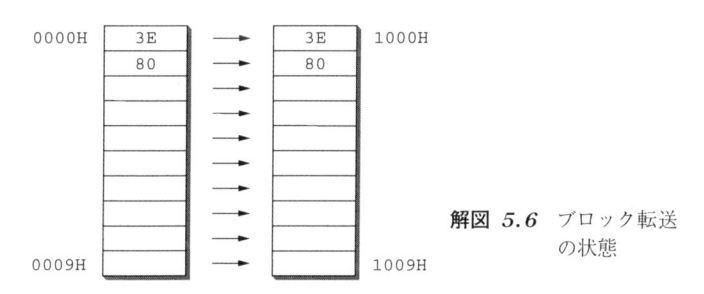

解図 5.6 ブロック転送の状態

【50】 解図 5.7 にフローチャートを示す．

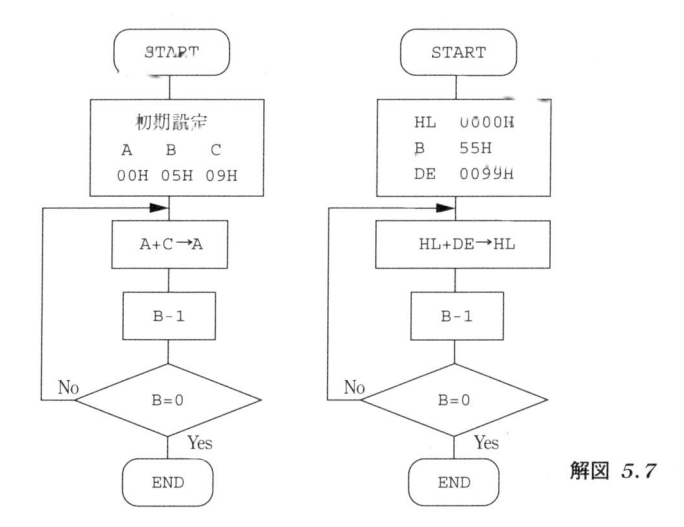

解図 5.7

```
(1)            ORG      8000H
(2)            LD       A,00H        8000H  3E 00
(3)            LD       B,05H        8002H  06 05
(4)            LD       C,09H        8004H  0E 09
(5)    LOOP:  ADD      A,C          8006H  81
(6)            DEC      B            8007H  05
(7)            JP       NZ,LOOP      8008H  C2 06 80
(8)            HALT                  800BH  76
(9)            END
```

(説明)

(1) 8000H番地よりマシン語格納

(2) Aレジスタに6FHを格納

(3) Bレジスタに30Hを格納

(4) Cレジスタに6FHを格納

(5) A+C → A

(6) B-1

(7) Bが0でなければ，LOOP（5）へジャンプ

(8) B=0で停止

(9) プログラムの終わり

【51】 解図5.7にフローチャートを示す。

```
(1)             ORG      8000H
(2)             LD       HL,0000H     8000H  21 00 00
(3)             LD       BC,0055H     8003H  01 55 00
(4)             LD       DE,0099H     8006H  11 99 00
(5)    LOOP:   ADD      HL,DE        8009H  19
(6)             DEC      BC           800AH  0B
(7)             INC      C            800BH  0C
(8)             DEC      C            800CH  0D
(9)             JP       NZ,LOOP      800DH  C2 09 80
(10)            HALT                  8010H  76
(11)            END
```

(説明)

(1) 8000H番地よりマシン語格納

(2) HLレジスタに0000Hを格納

(3) BCレジスタに0055Hを格納

(4) DEレジスタに0099Hを格納

(5) HL+DE → HL

(6) BC-1（BC=0になってもZフラグは立たない）

(7) C+1

(8) C-1（Cの内容を変化させないで，Zフラグの様子を知る）

(9) Cが0でなければ，LOOP（5）へジャンプ

(10) C=0で停止

(11) プログラムの終わり

【52】 解図 5.8 にフローチャートを示す。

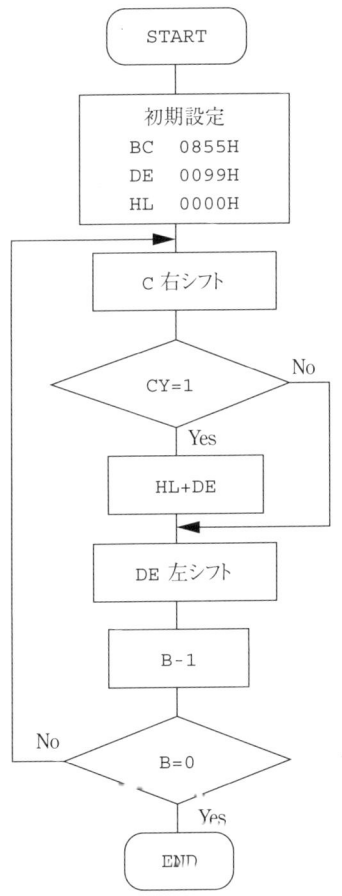

```
                    START
                      │
                      ▼
              ┌──────────────┐
              │   初期設定   │
              │  BC  0855H   │
              │  DE  0099H   │
              │  HL  0000H   │
              └──────────────┘
                      │
         ┌────────────┤
         │            ▼
         │    ┌──────────────┐
         │    │   C 右シフト  │
         │    └──────────────┘
         │            │
         │            ▼
         │         ╱─────╲       No
         │        ╱ CY=1  ╲────────┐
         │        ╲       ╱        │
         │         ╲─────╱         │
         │          │Yes           │
         │          ▼              │
         │    ┌──────────┐         │
         │    │  HL+DE   │         │
         │    └──────────┘         │
         │          │              │
         │          ◄──────────────┘
         │          ▼
         │    ┌──────────────┐
         │    │  DE 左シフト  │
         │    └──────────────┘
         │          │
         │          ▼
         │    ┌──────────┐
         │    │   B-1    │
         │    └──────────┘
         │          │
         │          ▼
         │       ╱─────╲
         │  No  ╱  B=0  ╲
         └─────╲        ╱
                ╲─────╱
                   │Yes
                   ▼
                  END
```

解図 5.8

```
(1)           ORG    8000H
(2)           LD     BC,0855H    8000H  01 55 08
(3)           LD     DE,0099H    8003H  11 99 00
(4)           LD     HL,0000H    8006H  21 00 00
(5)   LOOP1:  SRL    C           8009H  CB 39
(6)           JP     NC,LOOP2    800BH  D2 0F 80
(7)           ADD    HL,DE       800EH  19
(8)   LOOP2:  SLA    E           800FH  CB 23
(9)           RL     D           8011H  CB 12
(10)          DEC    B           8013H  05
(11)          JP     NZ,LOOP1    8014H  C2 09 80
(12)          HALT                8017H  76
(13)          END
```

(説明)
(1) 8000H 番地よりマシン語格納
(2) BC レジスタに 0855H を格納
(3) DE レジスタに 0099H を格納
(4) HL レジスタに 0000H を格納
(5) C の内容を右シフトして，現在最下位のビットを CY に移動
(6) CY が立たなければ（CY=0），LOOP2（8）へジャンプ
(7) CY=1 なら，HL+DE → HL
(8) E を左シフト（最上位ビットは CY へ入る）
(9) D を CY を含めて左ローテイト（回転）（(8)(9) により DE を左シフト）
(10) B-1
(11) B が 0 でなければ，LOOP1（5）へジャンプ
(12) B=0 で停止
(13) プログラムの終わり

【52】のプログラムの考え方を説明する．2進数の乗算は，つぎに示すようになり，結果は 99H×55H=32CDH となる．

```
              1001 1001         99H
         ×    0101 0101         55H
(1)           1001 1001
(2)         0 0000 000
(3)        10 0110 01
(4)       000 0000 0
(5)      1001 1001
(6)    0 0000 000
(7)   10 0110 01
(8) +000 0000 0
      0011 0010 1100 1101       32CDH
```

この場合，掛ける数 55H のビットが 1 のときだけ，99H を左にシフトしながら足していき，それを 8 回繰り返せばよいことに気づく．具体的にシフトして足すのは，1,3,5,7 回目であり，2,4,6,8 回目は左シフトするだけである．

答を格納する HL レジスタが，8 回の計算の過程で，どのように変化していくかを示すと，つぎのようになる．

```
                 H           L
             0000 0000   0000 0000
(1) CY=1   +             1001 1001
             0000 0000   1001 1001    0099H
(2) CY=0   変化なし（シフトのみ）
(3) CY=1     0000 0000   1001 1001
           +        10   0110 01
             0000 0010   1111 1101    02FDH
(4) CY=0   変化なし（シフトのみ）
(5) CY=1     0000 0010   1111 1101
           +      1001   1001
             0000 1100   1000 1101    0C8DH
```

(6) CY=0 変化なし（シフトのみ）
(7) CY=1 0000 1100 1000 1101
          ＋ 10 0110 01
          ─────────────────────
          0011 0010 1100 1101   32CDH（答）
(8) CY=0 変化なし（シフトのみ）

　CY=0のときは，HLの内容は変化せず，CY=1のときだけ，左シフトした99Hを足し込んでいくことがわかる。つまり，【50】や【51】では，数値の大きさより何回計算されるかは変化するが，【52】では，計算回数はつねに8回で終了する。

【53】 解図 5.9 にフローチャートで示す。

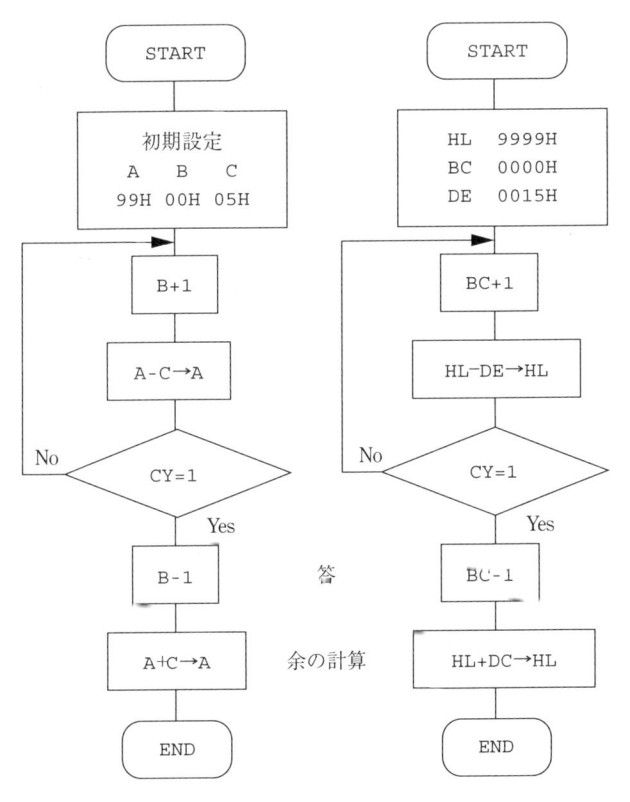

```
         START                          START
           │                              │
    ┌──────────────┐              ┌──────────────┐
    │   初期設定    │              │  HL  9999H   │
    │  A  B   C    │              │  BC  0000H   │
    │ 99H 00H 05H  │              │  DE  0015H   │
    └──────┬───────┘              └──────┬───────┘
           │◄─────┐                      │◄─────┐
       ┌───┴──┐   │                  ┌───┴──┐   │
       │ B+1  │   │                  │ BC+1 │   │
       └───┬──┘   │                  └───┬──┘   │
       ┌───┴───┐  │                  ┌───┴────┐ │
       │A-C→A │  │                  │HL-DE→HL│ │
       └───┬───┘  │                  └───┬────┘ │
           │   No │                      │   No │
         ◇─┴─◇───┘                     ◇─┴─◇───┘
         CY=1                           CY=1
           │Yes                           │Yes
       ┌───┴──┐                       ┌───┴──┐
       │ B-1  │         答             │ BC-1 │
       └───┬──┘                       └───┬──┘
       ┌───┴───┐                      ┌───┴────┐
       │A+C→A │     余の計算          │HL+DC→HL│
       └───┬───┘                      └───┬────┘
         END                            END
```

解図 5.9

(1)   ORG   8000H
(2)   LD   A,99H   8000H 3E 99
(3)   LD   B,00H   8002H 06 00
(4)   LD   C,05H   8004H 0E 05
(5)   LOOP: INC   B   8006H 04
(6)   SUB   C   8007H 91

```
(7)            JP     NC,LOOP   8008H  D2 06 80
(8)            DEC    B         800BH  05
(9)            ADD    A,C       800CH  81
(10)           HALT             800DH  76
(11)           END
```

(説明)

(1) 8000H番地よりマシン語格納
(2) Aレジスタに99Hを格納
(3) Bレジスタに00Hを格納
(4) Cレジスタに05Hを格納
(5) B+1
(6) A-C → A
(7) CY=0なら((6)でA>Cなら), LOOP (5)へジャンプ
(8) CY=1のとき, 答のBは1大きいので, B-1とする(このとき, Aは負)
(9) A+C → A (Cを引き過ぎて負になったAにCを足すと余りになる)
(10) 停止
(11) プログラムの終わり

【54】解図5.9にフローチャートを示す。

```
(1)            ORG    8000H
(2)            OR     A         8000H  B7
(3)            LD     HL,9999H  8001H  21 99 99
(4)            LD     BC,0000H  8004H  01 00 00
(5)            LD     DE,0015H  8007H  11 15 00
(6)     LOOP:  INC    BC        800AH  03
(7)            SBC    HL,DE     800BH  ED 52
(8)            JP     NC,LOOP   800DH  D2 0A 80
(9)            DEC    BC        8010H  0B
(10)           ADD    HL,DE     8011H  19
(11)           HALT             8012H  76
(12)           END
```

(説明)

(1) 8000H番地よりマシン語格納
(2) CY=0にする
(3) HLレジスタに9999Hを格納
(4) BCレジスタに0000Hを格納
(5) DEレジスタに0015Hを格納
(6) BC+1
(7) CYも含めて, HL-DE → HL (一回目のCYは0とするので, (2)でCY=0にする)
(8) CY=0なら((7)でHL>DEなら), LOOP (6)へジャンプ
(9) CY=1のとき, 答のBCは1大きいので, BC-1とする(このとき, HLは負)

(10) HL+DE→HL（DEを引き過ぎて負になったHLにDEを足すと余りになる）
(11) 停止
(12) プログラムの終わり

【55】 解図 5.10 にフローチャートを示す。

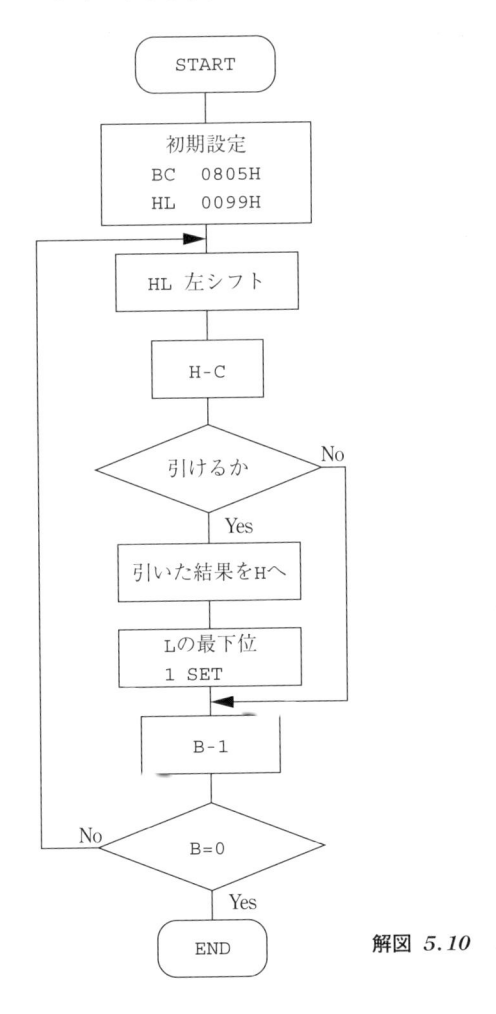

```
                    START
                      │
                      ▼
              ┌───────────────┐
              │   初期設定     │
              │  BC  0805H    │
              │  HL  0099H    │
              └───────────────┘
                      │
              ┌──────▶│
              │       ▼
              │  ┌─────────┐
              │  │ HL 左シフト │
              │  └─────────┘
              │       │
              │       ▼
              │  ┌─────────┐
              │  │  H-C    │
              │  └─────────┘
              │       │
              │       ▼
              │    ◇引けるか◇──No──┐
              │       │           │
              │      Yes          │
              │       ▼           │
              │  ┌─────────────┐  │
              │  │引いた結果をHへ│  │
              │  └─────────────┘  │
              │       │           │
              │       ▼           │
              │  ┌─────────┐     │
              │  │ Lの最下位 │     │
              │  │  1 SET   │     │
              │  └─────────┘     │
              │       │◀─────────┘
              │       ▼
              │  ┌─────────┐
              │  │  B-1    │
              │  └─────────┘
              │       │
              │       ▼
              └─No─◇ B=0 ◇
                      │
                     Yes
                      ▼
                    END
```

解図 5.10

```
(1)              ORG    8000H
(2)              LD     BC,0805H    8000H   01 05 08
(3)              LD     HL,0099H    8003H   21 99 00
(4)   LOOP1:     ADD    HL,HL       8006H   29
(5)              LD     A,H         8007H   7C
(6)              SUB    C           8008H   91
```

(7)		JP	M,LOOP2	8009H	FA 0F 80
(8)		LD	H,A	800CH	67
(9)		SET	0,L	800DH	CB C5
(10)	LOOP2:	DEC	B	800FH	05
(11)		JP	NZ,LOOP1	8010H	C2 06 80
(12)		HALT		8013H	76
(13)		END			

(説明)

(1) 8000H番地よりマシン語格納

(2) BCレジスタに0805Hを格納

(3) HLレジスタに0099Hを格納

(4) HLを2倍(2進数なので,2倍はHLを左シフトしたことに相当)

(5) HをAに転送

(6) A−C → A

(7) Aがマイナス(Sフラグが立つ)なら,LOOP2(10)へジャンプ

(8) AをHへ戻す

(9) Lの0ビット(最下位のビット)を1にする(セット)

(10) B−1

(11) Bが0でなければ,LOOP1(4)へジャンプ

(12) B=0で停止

(13) プログラムの終わり

【55】のプログラムの考え方を説明する。2進数の除算は,つぎに示すようになり,結果は99H÷05H=1EH余り03Hとなる。

```
                    0001 1110   1EH (答)
            0101 ) 1001 1001
    (4)          −  0101
                    100 1
    (5)          −  010 1
                     10 00
    (6)          −  01 01
                      0 110
    (7)          −   0 101
                       0011   3H (余り)
```

この場合,割る数05Hが引けたとき,その桁の上に1を書き,実際に引き算して,また,その答から引けるときは,1を書く動作を繰り返せばよい。また,引けない場合は,その桁の上は0になる。この動作は8回繰り返し行うと終了である。具体的に引けるのは,4,5,6,7回目であり,1,2,3,8回目は引けない。

答を格納するHLレジスタが,8回の計算の過程で,どのように変化していくかを示すと,つぎのようになる。

```
                        H         L
                     0000 0000  1001 1001
    (1) 引けない     0000 0001  0011 0010  (シフトのみ)
    (2) 引けない     0000 0010  0110 0100  (シフトのみ)
    (3) 引けない     0000 0101  1100 1000  (シフトのみ)
    (4) 引ける       0000 1001  1001 0000
                   −     0101
                     ─────────────────────
                     0000 0100  1001 0001 ← 1 SET
    (5) 引ける       0000 1001  0010 0010
                   −     0101
                     ─────────────────────
                     0000 0100  0010 0011 ← 1 SET
    (6) 引ける       0000 1000  0100 0110
                   −     0101
                     ─────────────────────
                     0000 0011  0100 0111 ← 1 SET
    (7) 引ける       0000 0110  1000 1110
                   −     0101
                     ─────────────────────
                     0000 0001  1000 1111 ← 1 SET
    (8) 引けない     0000 0011  0001 1110  (シフトのみ)
```

(余り) 03H　　(答) 1EH

HLの内容を左シフトして，05Hが引けるかを見るが，初めは4回シフトしないと引くことができない．4回目に引けるので実際に引き算する．そして，その結果の最下位ビットに1をセットする（初めの3回はシフトのみでセットはしない）．つぎに，同様にHLに5回目の左シフトすると，やはり引けるので，引き算し，最下位ビットに1をセットする（4回目でセットした1は左にシフトされているので右のビットは11と並ぶ）．あとは，同様な動作を8回繰り返すが，結局引けたのは，4, 5, 6, 7回目であり，そのつど1がセットされていく．8回目は引けなくて，左シフトのみである．結果として，L=0001 1110=1EHが答となる．また，余りは，8回の計算過程において，つねにHから05Hを引き算しているので，H=0000 0011=03Hとなる．この場合も掛け算と同じく計算回数は8回で終了する．

6章

【1】(1) 誤り．一般的に，複雑な処理は高級言語のほうがプログラミングしやすい．

(2) 誤り．C言語は手続き型言語である．なおC++言語はオブジェクト指向型と手続き型のハイブリッド型，Javaはオブジェクト指向型といえる．

(3) 誤り．Cコンパイラとは，Cで記述されたソースファイルをアセンブリ言語に変換するものである．

7章

【1】リンクとは，複数のプログラムファイルを結合することである．メインとなるオブジェクトファイルと関連するプログラムのオブジェクトファイルを結

226　演 習 問 題 解 答

合することで，動作するプログラムとして完結する。

【2】ほかのプログラムでも頻繁に使用する関数を共有できる点が大きなメリットである。関数群をライブラリ化しておけば，それぞれのソースファイル内でいちいち関数を定義することなく，ヘッダファイルをインクルードするだけですむ。また，生成するオブジェクトファイルに関数領域が含まれないので，ファイルサイズが小さくなる。

【3】#include 文である。

【4】ポインタとは，アドレスを保持する変数のことである。

【5】16 ビットである。

【6】OUT 命令である。例えば

```
sfr at    0x20       porta;
int main( void )
{
    porta = 0x77;
    return 0;
}
```

という C ソースファイルを SDCC でコンパイルした場合，部分的には，以下のようなアセンブリコードが生成される（あくまで一例）。

```
LD   A, #0x77
OUT  (_porta), A
```

【7】グローバル変数として宣言しなくてはならない。

【8】インラインアセンブルとは，C ソースプログラム中にアセンブリコードを直接埋め込むことである。C 言語だけでは記述し得ない処理を実行する場合に用いる。マイコンのプログラミングにおいては，コンパイラの性能によりインラインアセンブルを使用する頻度が高くなるものがある。

8 章

【1】
```
// Z80-PIO
// ポート A 下位 4 ビットの入力を，ポート B 上位 4 ビットに出力する場合のプログラム

sfr at    0x1c    pioad;
sfr at    0x1d    pioac;
sfr at    0x1e    piobd;
sfr at    0x1f    piobc;

void main ( void )
{
    pioac = 0xcf;    // ポート A をビットモードに指定
    piobc = 0xcf;    // ポート B をビットモードに指定

    pioac = 0xff;    // ポート A の全ビットを入力に指定
    piobc = 0x00;    // ポート B の全ビットを出力に指定

    while( 1 )
```

```
        {
            piobd = ( pioad & 0x0f ) << 4;
        }
    }
}
```

【2】 // ポートA全ビットの入力をポートBに出力し，ポートC下位4ビットの入力をポートC上位4ビットに出力するプログラム（8255A）

```
#define     PC_L_IN         0x01
#define     PB_IN           0x02
#define     GB_MODE_1       0x04
#define     PC_H_IN         0x08
#define     PA_IN           0x10
#define     GA_MODE_1       0x20
#define     GA_MODE_2       0x40
#define     MODE_SELECT     0x80

sfr at      0x20    porta;
sfr at      0x21    portb;
sfr at      0x22    portc;
sfr at      0x23    cwr;
void main( void )
{
    cwr = PA_IN | PC_L_IN | MODE_SELECT;
    while( 1 )
    {
        portb = porta;
        portc = ( portc & 0x0f ) << 4;
    }
}
```

13章

【1】

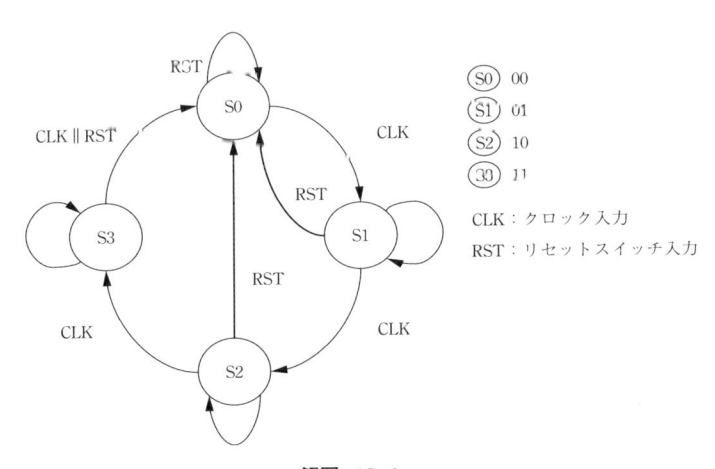

解図 13.1

【2】

解表 13.1

現在の状態	つぎの状態	
	CLK	RST
S0	S1	S0
S1	S2	S0
S2	S3	S0
S3	S0	S0

【3】
```
int   state[4][2] = { { S1, S0 },
                      { S2, S0 },
                      { S3, S0 },
                      { S0, S0 } };
```

索引

【あ】

アーキテクチャ	6
アクチュエータ	2
アクティブロー	11
アスキーコード	29
アセンブラ	16
アセンブル	96
アドレス参照演算子	102
アドレスバス	6
アノード	187
アルゴリズム	20

【い】

1-2相励磁	191
1相励磁	190, 192
インラインアセンブル	114

【う】

ウエイト	10

【え】

エクゼキューションサイクル	10, 12
エスケープシーケンス	91, 167, 170, 175, 177, 179

【お】

オブジェクト指向言語	88
オブジェクトファイル	108, 109, 111
オブジェクトプログラム	16
オペコード	16, 19, 23
オペランド	16, 19, 23

【か】

カウンタタイマ回路	131
カウンタモード	134, 136
カソード	187
関数	97, 108, 182
関数実装	109
関数のプロトタイプ宣言	98, 109

【き】

機械語	20
機械コード	15
疑似命令	26
基本CPU制御命令	32, 79
キャリーフラグ	58

【く】

グローバル変数	97, 98, 108, 109, 113

【こ】

交換命令	83
高級言語	88
構造体	103
構造体タグ	104
コントローラ	2
コンパイル	96, 108, 185

【さ】

サインフラグ	58
サブトラクトフラグ	58
サブルーチン	60
サブルーチン命令	60

【し】

算術演算命令	40
算術・論理演算命令	30
シーケンス制御	2
事象	151
時定数	131, 135, 196
自動制御	1
ジャンプ・サブルーチン命令	31
ジャンプ命令	54
16ビット演算命令	43
16ビット転送命令	38
出力命令	72
条件	200, 203, 204
条件付ジャンプ	56
状態	200, 203, 204
状態機械	200
状態遷移図	201, 204
状態遷移表	201, 204

【す】

スタック領域	63
ステートマシン	200, 201
ステッピングモータ	189, 190, 192
ステップ角	189
ストップビット	171

【せ】

制御語	119, 125, 126, 127
絶対番地	54
ゼロフラグ	58
専用レジスタ	8

【そ】

相対番地　　　　　54, 55
ソースファイル
　　　　　　　　96, 98, 110
ソースプログラム　　16

【た】

タイムモード
　　　　132, 134, 137, 138

【ち】

チャネル　　131, 132, 134
チャネル制御語
　　　　　　131, 134, 135

【て】

定数　　　　　　　　22
データバス　　　　6, 117
手続き型言語　　　　88
手続き型プログラミング
　　　　　　　　　　200
デューティ比　　195, 196
転送命令　　　　　　30

【と】

トルク　　　　　　　191

【に】

ニーモニックコード　16
2相励磁　　　　　　191
入出力命令　　　　32, 68
入力命令　　　　　　71

【は】

ハーフキャリーフラグ　58
ハイインピーダンス　12
8255A　　　　　　5, 73
8ビット演算命令　　41
8ビット転送命令　　33
パラレル入出力　　117
パリティオーバーフロー
フラグ　　　　　　58

パリティビット　　171
ハンドアセンブル　　22
ハンドシェイク　124, 125
汎用レジスタ　　　　8

【ひ】

引数　　　　　　　　99
ビット制御　　　121, 126
ビット操作命令　　32, 65
ビットマスク　　　122

【ふ】

フィードバック制御　2
フェッチサイクル　　10
プリスケーラ　　132, 135
プリスケーラ値
　　　　　　133, 135, 166
フローチャート　　　20
ブロック関係命令　　32
ブロック転送命令　　74
ブロック比較命令　　77
プロトコル　　　140, 170
プロトタイプ宣言
　　　　　　97, 98, 108, 182

【へ】

ヘッダファイル
　　　　　97, 98, 109, 182, 185, 187
ヘッダファイルのインクルード
　　　　　　　　　　110

【ほ】

ポインタ　　　　101, 102
ポート　　73, 117, 118, 122,
　　　124, 127, 131, 134,
　　　169, 182, 186, 189
ボーレート　　　　171

【ま】

マイクロコンピュータ　1
マイクロプロセッサ　1
マクロ定義　　　　　98
マシンサイクル　　　10

マスク可能な割込み
　　　　　　　　152, 156
マスク値　　　　　122
マスク不可能な割込み
　　　　　　　　152, 158

【め】

命令サイクル　　　　9
メモリマップ　　　　21

【も】

文字　　　　　　　　22
戻り値　　　　　　　99

【ら】

ライブラリ　　108, 110, 167,
　　　　　　177, 182, 185, 187
ライブラリファイル
　　　　　108, 109, 110, 111, 185
ラベル　　　　　　　19

【り】

リンク　　　　　　　96

【れ】

レジスタ　　　　　　6

【ろ】

ローテート・シフト命令
　　　　　　　　　30, 48
論理演算命令　　　　45

【わ】

割込み　　13, 126, 132, 151, 196
割込み関係命令　　　82
割込み許可　　　　　82
割込みベクトル　126, 132,
　　　138, 141, 153, 154,
　　　159, 161, 165, 196
割込みモード
　　　　　82, 152, 154, 196
割込み要求　　　131, 154

索引

【A】
ADC 命令　　　　　　42, 43
ADD 命令　　　　　　41, 43
ALU　　　　　　　　　　8
AND 命令　　　　　　　45
AVR　　　　　　　　　188

【B】
BIT 命令　　　　　　　67

【C】
CCF 命令　　　　　　　81
CPL 命令　　　　　　　81
CP 命令　　　　　　　47
CW　　　　　　　　　　73
C 言語　　　　　　　　88
C コンパイラ　　　　　89

【D】
DAA 命令　　　　　　　80
DC モータ　　　　195, 197
DEC 命令　　　　　　　45
DEFB　　　　　　　　　27
DEFM　　　　　　　　　29
DEFS　　　　　　　　　27
DEFW　　　　　　　　　27

【E】
END 命令　　　　　　　27
EQU 命令　　　　　　　27

【F】
F レジスタ　　　　　　57

【H】
H8　　　　　　　　　170
HALT 命令　　　　　　81
H ブリッジ回路　　　192

【I】
INC 命令　　　　　　44
I/O　　　　　　　　1, 13
I/O アドレス　　24, 131
I/O アドレス数　　　73
I レジスタ　　　153, 159

【M】
main 関数　　97, 98, 109, 113

【N】
NEG 命令　　　　　　81
NOP 命令　　　　　　81

【O】
ORG 命令　　　　　　26
OR 命令　　　　　　　46

【P】
PIC　　　　　90, 170, 188
POP 命令　　　　　　65
PPI　　　　　　　　123
printf　　　　　176, 177
PUSH 命令　　　　　64
PWM　　　188, 194, 195, 197

【R】
RES 命令　　　　　　67
RLC 命令　　　　　　48
RLD 命令　　　　　　53
RL 命令　　　　　　　49
RRC 命令　　　　　　50
RRD 命令　　　　　　54
RR 命令　　　　　　　50
RS-232C　　90, 91, 169, 170

【S】
SBC 命令　　　　　42, 44
SCF 命令　　　　　　81
SET 命令　　　　　　66
SH　　　　　　　　　170
SLA 命令　　　　　　51
sprintf　　　　177, 183
SRA 命令　　　　　　52
SRL 命令　　　　　　51
stdio.h　　　　177, 183
stdio.lib　　　176, 177
SUB 命令　　　　　　42

【X】
XOR 命令　　　　　　47

【Z】
Z80　　　　88, 90, 170, 188
Z80-CTC　　5, 130, 131, 132, 196
Z80-PIO　　　5, 186, 187, 196
Z80-SIO　　　　　　5, 140
Z80 ファミリー　　　　5
Z84C15　　　　　　93, 188
Z84C20　　　　186, 187, 196
Z84C4x　　　　　　140, 196

―― 著者略歴 ――

柚賀　正光（ゆが　まさみつ）
1976 年	横浜国立大学工学部電気化学科卒業
1978 年	横浜国立大学大学院工学研究科修士課程修了
1989 年	東京工業高等専門学校助教授
2001 年	茨城大学大学院理工学研究科博士後期課程修了（物質科学専攻）博士（工学）（茨城大学）
2001 年	東京工業高等専門学校教授現在に至る

千代谷　慶（ちよや　けい）
1997 年	職業能力開発総合大学校長期課程電子工学科卒業
1998 年	職業能力開発総合大学校研究課程工学研究科電気・情報専攻中退
1998 年	岩手県立高度技術専門学院勤務
1999 年	東京都立八王子技術専門校勤務
2005 年	東京都産業労働局雇用就業部企画開発室科目開発係主任現在に至る

マイクロコンピュータ制御プログラミング入門
The Primer of Control Programming by Microcomputer

© Masamitsu Yuga, Kei Chiyoya　2006

2006 年 9 月 11 日　初版第 1 刷発行

検印省略	著　者	柚　賀　　正　光
		千　代　谷　　慶
	発行者	株式会社　コロナ社
		代表者　牛来辰巳
	印刷所	壮光舎印刷株式会社

112-0011　東京都文京区千石 4-46-10

発行所　株式会社　コロナ社
CORONA PUBLISHING CO., LTD.
Tokyo Japan

振替 00140-8-14844・電話 (03) 3941-3131 (代)

ホームページ http://www.coronasha.co.jp

ISBN 4-339-01196-7　　（大井）　　（製本：グリーン）
Printed in Japan

無断複写・転載を禁ずる
落丁・乱丁本はお取替えいたします

コンピュータサイエンス教科書シリーズ

(各巻A5判)

■編集委員長　曽和将容
■編集委員　岩田　彰・富田悦次

配本順				頁	定価
1.		情報リテラシー	立春曽 花日和 康秀将 夫雄容 共著		
2.		データ構造とアルゴリズム	熊谷　毅 著		
3.		形式言語とオートマトン	町田　元 著		
4.		プログラミング言語論	大山口 五味 通夫弘 共著		
5.		論理回路	渋沢曽 沢和 進将 共著		
6.	(1回)	コンピュータアーキテクチャ	曽和将容 著	232	2940円
7.		オペレーティングシステム	大澤範高 著		
8.		コンパイラ	中田育男 監修／中井央 著		
9.		ヒューマンコンピュータインタラクション	田野俊一 著		
10.		インターネット	加藤聰彦 著		
11.		ディジタル通信	岩波保則 著		
12.		人工知能原理	中野 康明／花野井 弘歳 共著		
13.		ディジタルシグナルプロセッシング	岩田 彰／黒柳 奨 共著		
14.		情報代数と符号理論	山口和彦 著		
15.	(2回)	離散数学	牛島和夫 編著／相民一 朝廣利雄 共著		近刊
16.		計算論	小林孝次郎 著		
17.		確率論と情報理論	川端　勉 著		
18.		数理論理学	古川康一 著		
19.		数理計画法	加藤直樹 著		
20.		数値計算	加古　孝 著		

定価は本体価格+税5%です。
定価は変更されることがありますのでご了承下さい。

図書目録進呈◆

コンピュータ数学シリーズ

(各巻A5判)

■編集委員　斎藤信男・有澤　誠・筧　捷彦

配本順			頁	定価
2.（9回）	**組　合　せ　数　学**	仙波一郎著	212	2940円
3.（3回）	**数　理　論　理　学**	林　　　晋著	190	2520円
10.（2回）	**コンパイラの理論**	大山口通夫著	176	2310円
11.（1回）	**アルゴリズムとその解析**	有澤　　誠著	138	1733円
15.（5回）	**数値解析とその応用**	名取　　亮著	156	1890円
16.（6回）	**人工知能の理論**（増補）	白井良明著	182	2205円
20.（4回）	**超並列処理コンパイラ**	村岡洋一著	190	2415円
21.（7回）	**ニューラルコンピューティング**	武藤佳恭著	132	1785円
22.（8回）	**オブジェクト指向モデリング**	磯田定宏著	156	2100円

以　下　続　刊

1.	離　散　数　学	難波完爾著	4.	計　算　の　理　論	町田　元著
5.	符号化の理論	今井秀樹著	6.	情報構造の数理	中森真理雄著
7.	ゲーム計算メカニズム	小谷善行著	8.	プログラムの理論	
9.	プログラムの意味論	萩野達也著	12.	データベースの理論	
13.	オペレーティングシステムの理論	斎藤信男著	14.	システム性能解析の理論	亀田壽夫著
17.	コンピュータグラフィックスの理論	金井　崇著	18.	数式処理の数学	渡辺隼郎著
19.	文字処理の理論				

定価は本体価格＋税5％です。
定価は変更されることがありますのでご了承下さい。

図書目録進呈◆

並列処理シリーズ

(各巻A5判)

■編集委員長　萩原　宏
■編集委員　柴山　潔・高橋義造・都倉信樹・富田眞治

配本順			著者	頁	定価
1.(1回)	並列処理概説		渡辺勝正著	218	2625円
2.(2回)	並列計算機アーキテクチャ		奥川峻史著	190	2625円
3.(10回)	命令レベル並列処理 ―プロセッサアーキテクチャとコンパイラ―		安藤秀樹著	240	3360円
5.(9回)	算術演算のVLSIアルゴリズム		髙木直史著	202	2520円
7.(7回)	並列オペレーティングシステム		福田晃著	212	2940円
10.(3回)	並列記号処理		柴山潔著	244	3360円
11.(6回)	分散人工知能		石田亨・片桐恭弘・桑原和宏共著	206	2730円
13.(8回)	並列画像処理		美濃導彦著	250	3465円
14.(4回)	並列図形処理		鷲見敬之・島澤貞次・西原重夫共著	272	3675円
16.(5回)	共有記憶型並列システムの実際		鈴木則久・清水茂則・山内長承共著	220	3045円

以下続刊

4.	並列アルゴリズムと分散アルゴリズム	萩原兼一・増澤利光共著	6.	並列プログラミング	牛島和夫・程京徳共著
8.	並列処理ワークステーションとその応用	末吉敏則著	9.	並列数値処理	金田康正編著
12.	並列データベース処理		15.	マルチプロセッサシステム	中島浩著

定価は本体価格+税5%です。
定価は変更されることがありますのでご了承下さい。

図書目録進呈◆

電子情報通信レクチャーシリーズ

■(社)電子情報通信学会編　　（各巻B5判）

	配本順	共通	著者	頁	定価
A-1		電子情報通信と産業	西村吉雄著		
A-2	(第14回)	電子情報通信技術史 ―おもに日本を中心としたマイルストーン―	「技術と歴史」研究会編	276	4935円
A-3		情報社会と倫理	辻井重男著		
A-4		メディアと人間	原島　博 北川高嗣 共著		
A-5	(第6回)	情報リテラシーとプレゼンテーション	青木由直著	216	3570円
A-6		コンピュータと情報処理	村岡洋一著		
A-7		情報通信ネットワーク	水澤純一著		
A-8		マイクロエレクトロニクス	亀山充隆著		
A-9		電子物性とデバイス	益一哉著		

	配本順	基礎	著者	頁	定価
B-1		電気電子基礎数学	大石進一著		
B-2		基礎電気回路	篠田庄司著		
B-3		信号とシステム	荒川薫著		
B-4		確率過程と信号処理	酒井英昭著		
B-5		論理回路	安浦寛人著		
B-6	(第9回)	オートマトン・言語と計算理論	岩間一雄著	186	3150円
B-7		コンピュータプログラミング	富樫敦著		
B-8		データ構造とアルゴリズム	今井浩著		
B-9		ネットワーク工学	仙石正和 田村裕 共著		
B-10	(第1回)	電磁気学	後藤尚久著	186	3045円
B-11		基礎電子物性工学	阿部正紀著		
B-12	(第4回)	波動解析基礎	小柴正則著	162	2730円
B-13	(第2回)	電磁気計測	岩﨑俊著	182	3045円

	配本順	基盤	著者	頁	定価
C-1	(第13回)	情報・符号・暗号の理論	今井秀樹著	220	3675円
C-2		ディジタル信号処理	西原明法著		
C-3		電子回路	関根慶太郎著		
C-4		数理計画法	福島雅夫 山下信雄 共著		
C-5		通信システム工学	三木哲也著		
C-6		インターネット工学	後藤滋樹著		
C-7	(第3回)	画像・メディア工学	吹抜敬彦著	182	3045円
C-8		音声・言語処理	広瀬啓吉著		
C-9	(第11回)	コンピュータアーキテクチャ	坂井修一著	158	2835円

配本順			頁	定価
C-10		オペレーティングシステム	徳田英幸 著		
C-11		ソフトウェア基礎	外山芳人 著		
C-12		データベース	田中克己 著		
C-13		集積回路設計	浅田邦博 著		
C-14		電子デバイス	舛岡富士雄 著		
C-15	(第8回)	光・電磁波工学	鹿子嶋憲一 著	200	3465円
C-16		電子物性工学	奥村次徳 著		

展開

D-1		量子情報工学	山崎浩一 著		
D-2		複雑性科学	松本隆／相澤洋二 共著		
D-3		非線形理論	香田徹 著		
D-4		ソフトコンピューティング	山川烈 著		
D-5		モバイルコミュニケーション	中川正雄／大槻知明 共著		
D-6		モバイルコンピューティング	中島達夫 著		
D-7		データ圧縮	谷本正幸 著		
D-8	(第12回)	現代暗号の基礎数理	黒澤馨／尾形わかは 共著	198	3255円
D-9		ソフトウェアエージェント	西田豊明 著		
D-10		ヒューマンインタフェース	西田正吾／加藤博一 共著		
D-11		結像光学の基礎	本田捷夫 著		
D-12		コンピュータグラフィックス	山本強 著		
D-13		自然言語処理	松本裕治 著		
D-14	(第5回)	並列分散処理	谷口秀夫 著	148	2415円
D-15		電波システム工学	唐沢好男 著		
D-16		電磁環境工学	徳田正満 著		
D-17	(第16回)	VLSI工学 ―基礎・設計編―	岩田穆 著		近刊
D-18	(第10回)	超高速エレクトロニクス	中村徹／三島友義 共著	158	2730円
D-19		量子効果エレクトロニクス	荒川泰彦 著		
D-20		先端光エレクトロニクス	大津元一 著		
D-21		先端マイクロエレクトロニクス	小柳光正 著		
D-22		ゲノム情報処理	高木利久 著		
D-23		バイオ情報学	小長谷明彦 著		
D-24	(第7回)	脳工学	武田常広 著	240	3990円
D-25		生体・福祉工学	伊福部達 著		
D-26		医用工学	菊地眞 著		
D-27	(第15回)	VLSI工学 ―製造プロセス編―	角南英夫 著	204	3465円

定価は本体価格+税5%です。
定価は変更されることがありますのでご了承下さい。

図書目録進呈◆

電子情報通信学会 大学シリーズ

(各巻A5判)

■(社)電子情報通信学会編

配本順		書名	著者	頁	定価
A-1	(40回)	応用代数	伊藤 理重 正悟 共著	242	3150円
A-2	(38回)	応用解析	堀内和夫 著	340	4305円
A-3	(10回)	応用ベクトル解析	宮崎保光 著	234	3045円
A-4	(5回)	数値計算法	戸川隼人 著	196	2520円
A-5	(33回)	情報数学	廣瀬健 著	254	3045円
A-6	(7回)	応用確率論	砂原善文 著	220	2625円
B-1	(57回)	改訂 電磁理論	熊谷信昭 著	340	4305円
B-2	(46回)	改訂 電磁気計測	菅野允 著	232	2940円
B-3	(56回)	電子計測(改訂版)	都築泰雄 著	214	2730円
C-1	(34回)	回路基礎論	岸源也 著	290	3465円
C-2	(6回)	回路の応答	武部幹 著	220	2835円
C-3	(11回)	回路の合成	古賀利郎 著	220	2835円
C-4	(41回)	基礎アナログ電子回路	平野浩太郎 著	236	3045円
C-5	(51回)	アナログ集積電子回路	柳沢健 著	224	2835円
C-6	(42回)	パルス回路	内山明彦 著	186	2415円
D-2	(26回)	固体電子工学	佐々木昭夫 著	238	3045円
D-3	(1回)	電子物性	大坂之雄 著	180	2205円
D-4	(23回)	物質の構造	高橋清 著	238	3045円
D-5	(58回)	光・電磁物性	多田邦雄 松本俊 共著		近刊
D-6	(13回)	電子材料・部品と計測	川端昭 著	248	3150円
D-7	(21回)	電子デバイスプロセス	西永頌 著	202	2625円
E-1	(18回)	半導体デバイス	古川静二郎 著	248	3150円
E-2	(27回)	電子管・超高周波デバイス	柴田幸男 著	234	3045円
E-3	(48回)	センサデバイス	浜川圭弘 著	200	2520円
E-4	(36回)	光デバイス	末松安晴 著	202	2625円
E-5	(53回)	半導体集積回路	菅野卓雄 著	164	2100円
F-1	(50回)	通信工学通論	畔柳功芳 塩谷光 共著	280	3570円
F-2	(20回)	伝送回路	辻井重男 著	186	2415円

記号	(回)	書名	著者	頁	価格
F-4	(30回)	通信方式	平松啓二著	248	3150円
F-5	(12回)	通信伝送工学	丸林 元著	232	2940円
F-7	(8回)	通信網工学	秋山 稔著	252	3255円
F-8	(24回)	電磁波工学	安達三郎著	206	2625円
F-9	(37回)	マイクロ波・ミリ波工学	内藤喜之著	218	2835円
F-10	(17回)	光エレクトロニクス	大越孝敬著	238	3045円
F-11	(32回)	応用電波工学	池上文夫著	218	2835円
F-12	(19回)	音響工学	城戸健一著	196	2520円
G-1	(4回)	情報理論	磯道義典著	184	2415円
G-2	(35回)	スイッチング回路理論	当麻喜弘著	208	2625円
G-3	(16回)	ディジタル回路	斉藤忠夫著	218	2835円
G-4	(54回)	データ構造とアルゴリズム	斎藤信男・西原清一共著	232	2940円
H-1	(14回)	プログラミング	有田五次郎著	234	2205円
H-2	(39回)	情報処理と電子計算機 (「情報処理通論」改題新版)	有澤 誠著	178	2310円
H-3	(47回)	電子計算機Ⅰ ―基礎編―	相磯秀夫・松下 温共著	184	2415円
H-4	(55回)	改訂 電子計算機Ⅱ ―構成と制御―	飯塚 肇著	258	3255円
H-5	(31回)	計算機方式	高橋義造著	234	3045円
H-7	(28回)	オペレーティングシステム論	池田克夫著	206	2625円
I-3	(49回)	シミュレーション	中西俊男著	216	2730円
J-1	(52回)	電気エネルギー工学	鬼頭幸生著	312	3990円
J-3	(3回)	信頼性工学	菅野文友著	200	2520円
J-4	(29回)	生体工学	斎藤正男著	244	3150円
J-5	(45回)	改訂 画像工学	長谷川 伸著	232	2940円

以下続刊

C-7	制御理論		D-1	量子力学
F-3	信号理論		F-6	交換工学
G-5	形式言語とオートマトン		G-6	計算とアルゴリズム
J-2	電気機器通論			

定価は本体価格+税5%です。
定価は変更されることがありますのでご了承下さい。

図書目録進呈◆

ロボティクスシリーズ

(各巻A5判)

- ■編集委員長　有本　卓
- ■幹　事　　　渡部　透
- ■編集委員　　石井　明・手嶋教之・前田浩一

配本順			頁	定価
1.	ロボティクス概論	有本　卓 編著		
2.	電気電子回路 ―アナログ・ディジタル回路―	杉田　進彦／山中　克彦／小西　聡 共著		
3.	メカトロニクス計測の基礎	石井　明／木股　雅章／金子　透 共著		
4.	信号処理論	牧野　方昭／木村　竜徹 共著		
5.	センサの基礎	杉山　克己／田中　彦／本間　進純 共著		
6.	知能科学 ―ロボットの"知"と"巧みさ"―	有本　卓 著		近刊
7.	メカトロニクス制御	平井　慎一／坪内　孝司／秋下　貞夫 共著		
8.	ロボット機構学	永井　清 著		
9.	ロボット制御システム	橋本　宏／有本　卓 共著		
10.	ロボットと解析力学	有本　卓 著		
11.（1回）	オートメーション工学	渡部　透 著	184	2415円
12.	基礎福祉工学	手嶋　教之／米本　孝之／狩野　清／相川　徹訓 共著		
13.（3回）	制御用アクチュエータの基礎	川野　大誠／野方　論／所川　弘／呆松／浦　裕 共著	144	1995円
14.（2回）	ハンドリング工学	平井　慎／若松　栄史／井松　一史 共著	184	2520円
15.	マシンビジョン	石井　文／斉藤　明彦 共著		
16.	感覚生理工学	飯田　健夫／萩原　啓／田原　昭 共著		
17.	バイオメカニクス	牧川　方正／吉田　隆宏／川　昭樹 共著		
18.	身体運動とロボティクス	小平　太郎／平　明夫／宮崎　文夫／伊坂　忠夫／有本　卓 共著		

定価は本体価格+税5％です。
定価は変更されることがありますのでご了承下さい。

図書目録進呈◆

システム制御工学シリーズ

(各巻A5判)

■編集委員長　池田雅夫
■編集委員　足立修一・梶原宏之・杉江俊治・藤田政之

配本順		著者	頁	定価
1.（2回）	システム制御へのアプローチ	大須賀　公二／足立　修 共著	190	2520円
2.（1回）	信号とダイナミカルシステム	足立　修一 著	216	2940円
3.（3回）	フィードバック制御入門	杉江　俊治／藤田　政之 共著	236	3150円
4.（6回）	線形システム制御入門	梶原　宏之 著	200	2625円
5.（4回）	ディジタル制御入門	萩原　朋道 著	232	3150円
7.（7回）	システム制御のための数学（1） ―線形代数編―	太田　快人 著	266	3360円
12.（8回）	システム制御のための安定論	井村　順一 著	250	3360円
13.（5回）	スペースクラフトの制御	木田　隆 著	192	2520円
14.（9回）	プロセス制御システム	大嶋　正裕 著	206	2730円
15.（10回）	状態推定の理論	内田　健康／山中　一雄 共著	176	2310円

以　下　続　刊

6. システム制御工学演習	池田　雅夫 編／足立・梶原／杉江・藤田 共著	8. システム制御のための数学（2）―関数解析編―	太田　快人 著
9. 多変数システム制御	池田・藤崎共著	10. ロバスト制御系設計	杉江　俊治 著
11. $H\infty/\mu$制御系設計	原・藤田共著	サンプル値制御	早川　義一 著
むだ時間・分布定数系の制御	阿部・児島共著	信　号　処　理	
行列不等式アプローチによる制御系設計	小原　敦美 著	適　応　制　御	宮里　義彦 著
非　線　形　制　御　理　論	三平　満司 著	ロ　ボ　ッ　ト　制　御	横小路泰義 著
線　形　シ　ス　テ　ム　解　析	汐月　哲夫 著	ハイブリッドシステムの解析と制御	潮・井村／増淵・田中 共著
システム動力学と振動制御	野波　健蔵 著		

定価は本体価格+税5％です。
定価は変更されることがありますのでご了承下さい。

図書目録進呈◆

新コロナシリーズ （各巻B6判）

		著者	頁	定価
1.	ハイパフォーマンスガラス	山根正之著	176	1223円
2.	ギャンブルの数学	木下栄蔵著	174	1223円
3.	音戯話	山下充康著	122	1050円
4.	ケーブルの中の雷	速水敏幸著	180	1223円
5.	自然の中の電気と磁気	高木相著	172	1223円
6.	おもしろセンサ	國岡昭夫著	116	1050円
7.	コロナ現象	室岡義廣著	180	1223円
8.	コンピュータ犯罪のからくり	菅野文友著	144	1223円
9.	雷の科学	饗庭貢著	168	1260円
10.	切手で見るテレコミュニケーション史	山田康二著	166	1223円
11.	エントロピーの科学	細野敏夫著	188	1260円
12.	計測の進歩とハイテク	高田誠二著	162	1223円
13.	電波で巡る国ぐに	久保田博南著	134	1050円
14.	膜とは何か —いろいろな膜のはたらき—	大矢晴彦著	140	1050円
15.	安全の目盛	平野敏右編	140	1223円
16.	やわらかな機械	木下源一郎著	186	1223円
17.	切手で見る輸血と献血	河瀬正晴著	170	1223円
18.	もの作り不思議百科 —注射針からアルミ箔まで—	JSTP編	176	1260円
19.	温度とは何か —測定の基準と問題点—	櫻井弘久著	128	1050円
20.	世界を聴こう —短波放送の楽しみ方—	赤林隆仁著	128	1050円
21.	宇宙からの交響楽 —超高層プラズマ波動—	早川正士著	174	1223円
22.	やさしく語る放射線	菅野・関共著	140	1223円
23.	おもしろ力学 —ビー玉遊びから地球脱出まで—	橋本英文著	164	1260円
24.	絵に秘める暗号の科学	松井甲子雄著	138	1223円
25.	脳波と夢	石山陽事著	148	1223円
26.	情報化社会と映像	樋渡涓二著	152	1223円
27.	ヒューマンインタフェースと画像処理	鳥脇純一郎著	180	1223円
28.	叩いて超音波で見る —非線形効果を利用した計測—	佐藤拓宋著	110	1050円
29.	香りをたずねて	廣瀬清一著	158	1260円
30.	新しい植物をつくる —植物バイオテクノロジーの世界—	山川祥秀著	152	1223円

31.	磁石の世界	加藤 哲男 著	164	1260円
32.	体を測る	木村 雄治 著	134	1223円
33.	洗剤と洗浄の科学	中西 茂子 著	208	1470円
34.	電気の不思議 ―エレクトロニクスへの招待―	仙石 正和 編著	178	1260円
35.	試作への挑戦	石田 正明 著	142	1223円
36.	地球環境科学 ―滅びゆくわれらの母体―	今木 清康 著	186	1223円
37.	ニューエイジサイエンス入門 ―テレパシー,透視,予知などの超自然現象へのアプローチ―	窪田 啓次郎 著	152	1223円
38.	科学技術の発展と人のこころ	中村 孔治 著	172	1223円
39.	体を治す	木村 雄治 著	158	1260円
40.	夢を追う技術者・技術士	CEネットワーク 編	170	1260円
41.	冬季雷の科学	道本 光一郎 著	130	1050円
42.	ほんとに動くおもちゃの工作	加藤 孜 著	156	1260円
43.	磁石と生き物 ―からだを磁石で診断・治療する―	保坂 栄弘 著	160	1260円
44.	音の生態学 ―音と人間のかかわり―	岩宮 眞一郎 著	156	1260円
45.	リサイクル社会とシンプルライフ	阿部 絢子 著	160	1260円
46.	廃棄物とのつきあい方	鹿園 直建 著	156	1260円
47.	電波の宇宙	前田 耕一郎 著	160	1260円
48.	住まいと環境の照明デザイン	饗庭 貢 著	174	1260円
49.	ネコと遺伝学	仁川 純一 著	140	1260円
50.	心を癒す園芸療法	日本園芸療法士協会 編	170	1260円
51.	温泉学入門 ―温泉への誘い―	日本温泉科学会 編	144	1260円
52.	摩擦への挑戦 ―新幹線からハードディスクまで―	日本トライボロジー学会 編	176	1260円
53.	気象予報入門	道本 光一郎 著	118	1050円
54.	続 もの作り不思議百科 ―ミリ,マイクロ,ナノの世界―	J S T P 編	160	1260円

定価は本体価格+税5%です。
定価は変更されることがありますのでご了承下さい。

電気・電子系教科書シリーズ

(各巻A5判)

■編集委員長　高橋　寛
■幹　　　事　湯田幸八
■編集委員　江間　敏・竹下鉄夫・多田泰芳
　　　　　　中澤達夫・西山明彦

配本順				頁	定価
1. (16回)	電気基礎	柴田尚志 皆藤新一	共著	252	3150円
2. (14回)	電磁気学	多田泰芳 柴田尚志	共著	304	3780円
3. (21回)	電気回路Ⅰ	柴田尚志	著	248	3150円
4. (3回)	電気回路Ⅱ	遠藤勲 鈴木靖	共著	208	2730円
6. (8回)	制御工学	下西二鎮 奥平鏡郎	共著	216	2730円
7. (18回)	ディジタル制御	青木立 木堀俊幸 西澤達夫	共著	202	2625円
9. (1回)	電子工学基礎	中藤原勝	共著	174	2310円
10. (6回)	半導体工学	渡辺英夫	著	160	2100円
11. (15回)	電気・電子材料	中澤・藤原 押山・服部 森健	共著	208	2625円
12. (13回)	電子回路	須田健二 土田英夫 伊原充弘	共著	238	2940円
13. (2回)	ディジタル回路	若海博 吉沢昌純 室山厳也	共著	240	2940円
14. (11回)	情報リテラシー入門	賀下進	共著	176	2310円
15. (19回)	C++プログラミング入門	湯田幸八	著	256	2940円
16. (22回)	マイクロコンピュータ制御プログラミング入門	柚賀正光 千代谷慶	共著	244	3150円
17. (17回)	計算機システム	春日雄治 舘泉幸八	共著	240	2940円
18. (10回)	アルゴリズムとデータ構造	湯田幸充 伊原邦弘	共著	252	3150円
19. (7回)	電気機器工学	前新邦敏 江間敏	共著	222	2835円
20. (9回)	パワーエレクトロニクス	高橋勲 江間敏	共著	202	2625円
21. (12回)	電力工学	甲斐隆章 三木川成彦 江吉岡隆機	共著	260	3045円
22. (5回)	情報理論	木川成英	共著	216	2730円
25. (4回)	情報通信システム	桑原裕史 植月唯夫	共著	190	2520円
26. (20回)	高電圧工学	植松孝 箕原史志	共著	216	2940円

以下続刊

5. 電気・電子計測工学　西山・吉沢共著　　8. ロボット工学　白水俊之著
23. 通信工学　竹下・吉川共著　　24. 電波工学　松田・南部 宮田 共著

定価は本体価格+税5%です。
定価は変更されることがありますのでご了承下さい。

図書目録進呈◆